中国绿色米都 —— 建三江

寒地水稻黑土保护

“三江模式”实践与推广手册

北大荒农垦集团有限公司建三江分公司　组编

苗立强　主编

中国农业出版社
北　京

编委会

主　　编：苗立强

主　　审：张宏雷

副 主 编：李文鹏　孙兵　秦泗君　张立国　聂强　李孝凯　李宪伟　郭立群　崔贺雨　韩文峰　李雪颖　崔少宁　段兰昌　李红宇

参　　编：刘丽　王晓锋　刘廷宇　朱晓萍　刘海民　姜丹丹　李想　左诗雅　徐浩然　李振宇　李云飞　王成明　张超　于兴龙　宋建艟　李岩　邵彦宾　李清军　丁建明　陈宏民　隋玉刚　万文达　杨成林　刘婷婷　刘思达　周秉文　张利斌　刘丽华　赵海成　马倩　刘月月　韩云飞　贺梅　周燕　李静　臧家祥　赵月　张昭明　杨晨晨

前 言

FOREWORD

黑土地，被誉为“耕地中的大熊猫”，是我国宝贵的自然资源。在广袤的东北大地上，黑土地孕育了无数丰收的希望，承载着国家粮食安全的重任。在黑土地退化的严峻挑战背景下，如何在保障粮食安全的同时，实现农业可持续发展，成为摆在我们面前的一项紧迫任务。

水稻黑土保护“三江模式”是基于我国东北三江平原地区特有的自然条件和农业实践，通过科学的种植管理、土壤保护和生态平衡，形成的一套适合寒地水稻种植的可持续发展体系。“三江模式”的成功实践，不仅为我国寒地水稻种植提供了宝贵的经验，也为农业可持续发展贡献了三江智慧和三江方案。

《寒地水稻黑土保护“三江模式”实践与推广手册》旨在全面总结“三江模式”的理论基础、技术要点和实践经验，为广大农业工作者、科研人员以及政策制定者提供一本实用的参考书。通过本书，读者可以了解到如何通过合理的耕作制度、土壤管理、水资源利用和生态保护等措施，实现寒地水稻生产的高效率和高质量。

随着《寒地水稻黑土保护“三江模式”实践与推广手册》的正式发布，我们期待它能够推进水稻黑土保护“三江模式”的应用与推广，助力东北黑土地保护性耕作行动计划的实施，实现农业生产全过程黑土耕地保护与质量双提升，确保农业可持续健康发展。

在此，谨代表编委会对所有参与“三江模式”研究、实践和推广的专家、学者、种植户和相关工作者表示最诚挚的感谢。同时，也期待本书能够成为推动农业现代化，实现农业可持续发展的有力工具。

北大荒农垦集团有限公司建三江分公司

2025 年 3 月 7 日

目录
CONTENTS

第1章 绪论

黑土作为地球上珍贵的土壤资源，拥有黑色或暗黑色腐殖质表土层，是一种性状好、肥力高、适宜农耕的优质土地。东北典型黑土区土壤类型主要有黑土、黑钙土、白浆土、草甸土、暗棕壤、棕壤、水稻土等类型。2017年，农业部、国家发改委等六部门印发了《东北黑土地保护规划纲要(2017—2030年)》(以下简称《规划纲要》)，明确保护范围为东北典型黑土区耕地面积约2.78亿亩①，到2030年在东北典型黑土区实施2.5亿亩黑土耕地保护任务。2020年，农业农村部和财政部印发《东北黑土地保护性耕作行动计划（2020—2025年)》，提出以秋季秸秆粉碎翻压还田、春季有机肥抛撒搅浆平地为特征的水田黑土地综合治理“三江模式”，并将该模式列为国家黑土保护工程主推技术之一。

北大荒农垦集团有限公司建三江分公司位于三江平原腹地，属温带湿润、半湿润大陆性季风气候，全年日照时数2 376.0小时，年均气温3.0℃，无霜期141天，≥10℃活动积温2 538.7℃，冻结期长达5个月，最大冻深2.10米，年降水

① 亩为非法定计量单位，1亩＝1/15公顷。

量516.2毫米，80%集中在5—9月。建三江分公司水稻田面积1 000万亩左右，水稻平均单产620千克/亩，年产优质稻谷124亿斤[①]以上，约占全省1/5、全国1/35，是国家重点应急战略商品粮生产基地、国家现代化大农业示范区和保障国家粮食安全的压舱石。建三江境内三江环绕，七河贯通，土地集中连片，黑土腐殖质层养分含量丰富，开垦初期是全国平均值的3～5倍。经过70余年的开发建设，黑土地出现黑土层厚度变薄、理化性状变差等退化现象，一定程度上影响粮食生产安全。

建三江分公司与黑龙江八一农垦大学在黑土保护实践和技术联合攻关过程中，逐步形成“四化一结合”的稻田黑土保护“三江模式”，即生产规模化、全程机械化、管理标准化、产质协同化，用养相结合。该模式以本田标准化格田改造、育秧基质土改良、秋置床、自动化温汤浸种消毒、叠盘暗室育秧、密苗节本栽培、控制灌溉、侧深施肥、有机肥替代部分化肥、叶龄诊断、绿色农药替代、分段收获、秸秆全量还田、保护性耕作等农业创新技术，突破了黑土耕地保护与水稻丰产高效协同的技术瓶颈（图1-1）。

建三江分公司以提高耕地质量、促进黑土资源可持续利用为目标，以农业绿色生产、基础设施建设、耕地质量提升、监测评价等为重点，坚持用养结合，一体化综合施策，打造可复制、能落地、见实效的黑土耕地保护“建三江样板”，以

① 斤为非法定计量单位，1斤＝0.5千克。

点带面形成规模效应，整建制推广“三江模式”，力争到2025年“三江模式”应用面积全覆盖，土壤有机质含量年均提升0.2克/千克以上。实现农业生产全过程黑土耕地保护与质量提升，确保农业可持续健康发展。

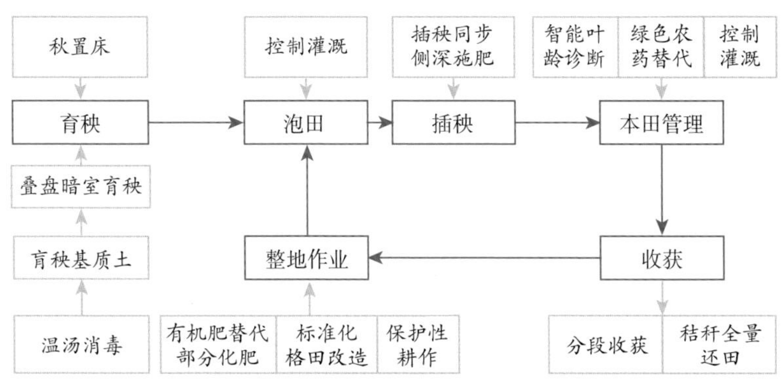

图1-1　寒地稻田黑土保护“三江模式”技术路线

第2章 寒地水稻黑土保护“三江模式”的应用场景

建三江分公司辖区总面积1.24万平方公里，下辖15个大中型国有农场，粮食总播1 210万亩，年均种植水稻1 000万亩左右，是世界高纬度粳稻种植面积最大的地区之一。自开发建设以来始终把多种粮、种好粮作为头等大事，统筹推进科技、绿色、质量、品牌“四个农业”，深入贯彻落实北大荒集团“三大一航母”建设工程，在争当农业现代化建设“排头兵”和实现农业强国战略的实践中，走出了一条集约、高效、安全、持续的现代农业发展道路。

2.1 筑牢压舱之石“主阵地”，递交粮食安全答卷

建三江分公司全面推进土地适度规模经营，户均经营土地面积260亩，相当于荷兰水平，其中35%的家庭经营了建三江82%的耕地，建三江分公司年均产粮138亿斤左右，约占全省的1/11、全国的1/100，农业劳均生产粮食83吨，国内最高，达到或超越世界发达国家水平。主栽作物水稻品种以龙粳、垦稻系列等高产品种和龙垦2021、龙粳57等优特品种为主，其单产、总产亦创全国最高。水稻亩单产622千克，总

产124亿斤，粳稻年产量占全省的1/5、全国的1/35。粮食商品率97%，自开发建设以来，累计为国家生产粮食1.3亿吨，提供商品粮1亿吨以上，享有国家重点应急战略商品粮生产基地、安全食品生产基地、国家现代化大农业示范区和世界闻名的“中国绿色米都”美誉。

2.2 不断更新农机装备，保障能力持续升级

不断从国内外大批量引进具有世界先进水平的现代化农业机械装备，大力实施农机转型升级，形成了国内最大的农业机械群，提高重要农时、重点作物、关键环节现代农机作业水平，农业机械现保有量达到61.78万台件，农机总动力达474.6万千瓦，农机新度系数0.78以上，农机装备水平和全程机械化程度居全国之首，农业综合机械化率达99.8%以上。农业生产浸种催芽、播种、水整地、插秧、收获和秋翻地六个关键环节均可实现“十天”完成。围绕集团“三大一航母”建设，以科技为先导，以效益为中心，全力推动农业机械化向全程全面高质高效转型升级，重点加大无人驾驶、辅助直行、变量施肥插秧机等智能化装备应用数量，农机智能化作业水平达到30%；建设农机高端智能化示范农场2处，面积4万亩、核心区3 000亩，为国产高端智能农机提供应用场景，国产机械总体更新比例达到97.5%以上。

2.3 持续迭代创新技术，科技赋能种好粮

围绕黑龙江省“四个农业”建设要求，大力研究探索农业创新技术，创新集成应用具有前瞻性、引领性的农业创新技术22项，其中：在垦区开创叠盘暗室育秧的先河，建设叠盘暗室育秧基地184处，配套设备1 596套，应用硬盘1 580.5万张，累计推广叠盘暗室育秧插秧150万亩，其中建设国内最先进智能化集中供苗中心3处，通过该技术缩短育秧时间5～7天，亩减少用种量10%，亩增产30千克；创新研发智能连体式温汤浸种消毒设备，降低物化投入0.33元/斤、亩节本3元以上；批量化生产育秧基质土并实践化推广应用，解决取土难问题，提高秧苗素质，保护黑土耕地；累计推广密苗机插10.5万亩，减少育秧用地，亩降低物化及人工成本40元左右；在全国范围内率先推广水稻标准化格田改造模式，累计推广面积100余万亩，亩增加有效插植面积3～4个百分点，提高机械效率10%～15%，单位面积提高粮食产出20～30千克；累计引进变量施肥插秧机291台，数量占世界50%以上，通过精准平衡施肥，亩减肥3千克，亩节本10元以上。通过22项技术集成应用，有效解决了劳动力短缺、标准化作业水平参差不齐、黑土耕地保护、农业绿色生态、节本提质增效等生产实际问题，实现综合亩节本增效150元以上。

2.4 转移转化科技成果，全国范围内经验推广

建三江分公司22项农业创新科技成果转化，全方位促进了三江稻米产业的快速发展，形成可复制、可量化、可推广的经验模式，先后得到集团、省和国家部委的高度重视并大力宣传推广应用，科技贡献率全国领先、达到77.07%。2018年，水稻侧深施肥技术入选全国十项重大引领性农业技术之一；2021年，“三江模式”被列为《国家黑土保护工程实施方案（2021—2025年）》主推技术之一；2022年，稻麦绿色丰产无人化栽培技术和水稻叠盘智能化工厂育秧项目分别被评为农业农村部重大引领性技术和全国百项重大农业科技成果，同年省农业农村厅以“农业插上科技翅膀　助力端稳中国饭碗”为题，在全省范围内进行22项农业新技术经验模式宣传推广；北大荒集团围绕“藏粮于地、藏粮于技”发展战略，在绿色农业、质量农业发展方面，全面推广温汤浸种、叠盘暗室育秧、旱平免提浆、有机肥替代、秸秆全量还田、标准化格田改造、育秧基质土改良、智能叶龄诊断、旱平免搅浆、黑土保护提升模式等10余项农业重点创新技术。

2.5 创新合作升级创典范，破解农业系列生产瓶颈

针对农业生产短板和技术瓶颈，积极构建农科教相结合、产学研大联合的科技创新与成果转化架构，与中国农业大学、

中国水稻研究所、东北农业大学、黑龙江八一农垦大学、哈尔滨工业大学、上海联适导航技术股份有限公司等国内知名高校、科技企业进行合作，在粮食产能提升、稻谷品质优化、黑土耕地保护、节本增效、智慧农业等方面年均开展创新合作项目20项以上，解决系列农业生产技术难题20余项，创造了中国农业领域内校企合作院校最多、科技成果转化最快、创新合作范围最为深入的校企合作典范。北大荒黑土地生态环境保护综合实验室、北大荒生物育种实验室（建三江分中心）、智慧农场技术与系统全国重点实验室（建三江分中心）成功落地建三江，在更高层次更高水平搭建合作平台，完善科技创新体系，赋能农业高质量发展。

2.6 抓标准提档农业升级，夯实质量农业底座

依托规模化、机械化和组织化高等优势，从质量管理、技术推广与生产实践三个层面入手，围绕产前、产中、产后建立和完善质量标准、技术操作规程、监督监测体系和市场准入制度；农业生产全面积、全作物、全方位、全过程实施模式化栽培、工程化设计、工厂化管理、规模化经营、产业化发展，标准化覆盖率达到100%。统筹优化农田林网网格布局，整建制推进水稻标准化格田改造新模式，实现渠、路、林、田有机结合，打造国家农业标准化生产示范区，实现农业的生产效率和经济效益双提升，提高农业质量效益和竞争力。

2.7 扛起数字农业旗，构建数字农业样板区

随着国家政策扶持和新一代信息技术融入，传统农业正在不断蜕变，智慧农业时代已悄然来临。建三江作为国家现代化大农业示范区，深入贯彻落实国家、省委省政府和集团数字农业发展战略，以加强创新性、引领性和应用性为核心，大力推进智慧农业建设，目前已建设9个智慧农场群，通过应用5G通信、天空地一体化等技术累计开展水旱田耕种管收全场景智能农机作业3 389万亩次，中国工程院院士罗锡文评价建三江智慧农业建设创造了“设备最多、项目最全、水平最高、程度最高、规模最大”五个世界之最。为有效打破“数据孤岛”，强化资源利用，实现“一云统揽、一图呈现、一网通办”的平台指挥功能，分公司通过平台整合，建立了集农业投入品集团化运营、智能叶龄诊断、智慧施肥灌溉、气象预报、灾害预警等管理功能于一体的建三江数字农业管理云平台，并率先在全国范围内将数字农业技术大面积应用到实际生产当中，推动了区域农业高质量发展，为国内智慧农业建设提供了“三江典型案例”。

第3章

寒地水稻黑土保护“三江模式”关键技术规程

3.1 水稻标准化格田改造

3.1.1 技术概述

标准化格田改造是指利用卫星平地技术，通过并埂扩池、配套沟渠、畅通道路，对渠埂、高冈、低洼等影响耕作栽培的障碍因素进行统一规划。将原有相对凌乱、不规则的小格田合并、平整，改造后面积扩大至15亩以上；同时打破了传统的格田布局，形成“一路贯中、两侧为田、四周布渠”的水稻田改造新模式。该技术优势表现在三个方面：一是改造后格田面积扩大，池埂、水渠等田间工程占地明显减少，并填平小型泡泽，提高耕地利用率；二是改造后地块平整度提高，利于充分发挥节水控制灌溉技术优势；三是改造后由于中间规划机耕路，运苗和运粮车可直接通过，可有效减少机械进地对耕地的破坏，保护耕地效果显著；四是改造后有效插植面积提高，利用机耕路运苗、运肥、运粮，节本省工，降低能耗，提高综合效益。因此，采用标准化格田改造技术便于机械作业，提升作业标准、缩短作业周期，显著提高作业效率。

3.1.2 实施方法

（1）改造原则

按照地形、地势及农田水利布局结构，采取先规划设计田间路位置、水渠分布、格田大小等内容，科学计算作业量、作业时间、作业次序，配套改造机械力量。按照成本最低、动土量最小（避免格田不同区域间肥力差异过大）的原则进行改造。

（2）改造内容

实行田、土、水、路、林、电、技、管综合规划，做实做细每个地块的工程设计和建设，按照“缺什么补什么”的原则对原有非标准改造地块进行提标，以满足现代化大农业发展需要；按照智慧农业发展方向，合理规划田间道路建设、格田长宽规格和灌区配套衔接。改造后，简易智能控灌设备配套率100%；每5 000亩地块配备1套生物预警、田间气象和作物长势监测智能设备；农业综合机械化率达99.8%；注重配套建设，依据适度规模需求，合理布局和支持建设叠盘暗室育秧统一供苗基地。

（3）设计模式

根据田间实际情况和方便农事操作的原则，因地制宜地选择中间田间路、单侧田间路和多条田间路设计模式（图3-1）。

（4）改造标准

规划改造地块要求地势坡降相对平缓，全田高程≤1.5

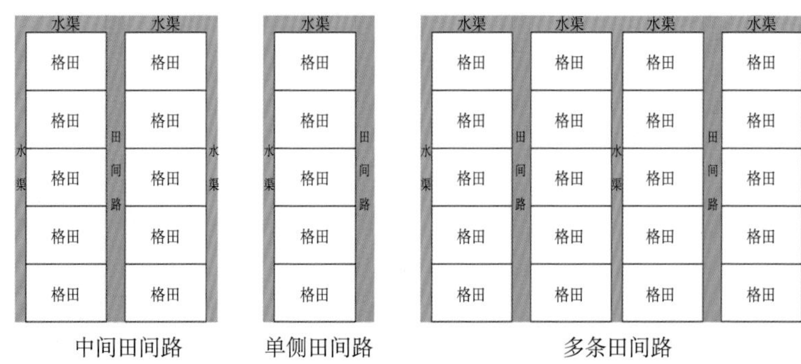

图3-1　标准化格田改造设计模式

米，单个格田高程≤1米，亩动土量≤300米³。标准化格田改造时间应因地制宜选择，一般以秋季改造为主、春季为辅。规划改造的地块采取分段收获作业，保证改造时间充足。若秋季雨水大、封冻早，作业条件不允许时，采取分步作业方式推进。秋季完成路、渠、埂等工程建设，次年春季完成土地平整。整地后进行翻后旋，利用卫星或激光平地机进行平地作业；为解决次年插秧作业陷车等问题，应采用大型机械作业，以压实土壤；落差大的田块可采用大型推土机等进行初平，再采用平地机进行平整。机耕路上口宽度≤3.5米（保证收割机能够通过），高度0.3～0.5米（严控路面高度，路面严禁硬化或铺设砂石）；水渠顶宽0.8～1.0米、底宽0.5～0.6米、渠深0.3～0.4米（图3-2）；改造后单个格田面积15～30亩，格田宽度因地制宜，按照插秧机载盘数量、机械往幅插植距离等综合规划格田长度，一般适宜长度在150米左右，最长不超过200米（图3-3）。

图3-2　标准化改造标准

图3-3　标准化格田改造后的效果

3.1.3 效益分析

进口平地机平地作业费200元/亩，平地柴油费60～80元/亩；筑田间路、池埂50～60元/亩、柴油20～30元/亩。合计改造成本330～370元/亩，平均350元/亩。

改造后增加有效插植面积3%～4%；亩产以600千克/亩计，平均增产18～24千克/亩；稻谷价格以2.6元/千克计，增收46.8～62.4元/亩。普通田出米率以70%计，标准化格田改造后通过渠道增温，出米率提升1%～2%，平均增加销售价格0.07元/千克，增收29.4元/亩。合计增收76.2～91.8元/亩。

田间机械作业效率提高15%～30%，节本15～30元/亩；减少人工投入成本，省工0.2工日/亩，折合70元/亩；减少灌溉用水100米^3/亩，节水节电7元/亩；减少机械投入，减少运苗轨道车折合3元/亩；合计节本95～110元/亩。

合计节本增效171.2～201.8元/亩，平均节本增效187元/亩。

3.1.4 注意事项

（1）格田标准要因地制宜，排布和面积灵活掌握，不宜片面追求扩大格田面积，以15亩左右为宜，格田过大会增加平地难度和改造成本。

（2）利用2～3年的时间逐步完成平地作业。在大型平地机平地的基础上，根据当年泡田整地及插秧等实际情况，在秋季收获后或次年春季泡田前再利用小型平地机局部平整。

（3）改造前应先进行表土剥离，改造后回填，以避免田间改造影响土壤肥力均匀度；未进行表土剥离直接平地的田块，施用生物有机肥20千克/亩以上，中期根据田间长势再追施一次生物有机肥。

（4）秋季应选择割晒分段方式收获，为本田标准化改造预留出充足的时间。

（5）尽量使用大型平地机，以保证平地的质量及标准，利用大型平地机车的车轮将格田内土壤压实，确保打浆和插秧机械顺利通过。插秧前应使用旋耕机将表层土壤旋松。

（6）针对改造后水稻长势不一的问题，可应用变量施肥技术，减少植株间养分供给差异，确保水稻长势均匀一致。

（7）随着改造后种植年限增加，土地平整度会有所下降，每3～4年需平整1次。

3.2 育秧基质土改良生产

3.2.1 技术概述

目前，黑龙江水稻栽培以“育苗移栽”生产模式为主，该模式的应用对产量的提高和品质的改良发挥了巨大作用，同时存在一系列问题：育苗大田取土破坏良田问题突出——黑龙江省5 400万亩稻田育苗取土，折合1平方米截面，3.6年即绕赤道一圈；育苗取土以10厘米耕层折算，全省每年破坏优质耕地15万亩左右（相当于破坏38万人的口粮田）；农业废弃物焚烧污染环境——大量作物秸秆、菌渣等农业废弃物的焚烧、丢弃，污染环境，也造成资源浪费；生产效率低——传统育秧取土、运输、筛土、调酸、拌土、摆盘等工序复杂，费时费力。因此，采用工厂化生产的基质代替传统土育苗是水稻生产和黑土保护的迫切需求。

理想的育苗基质应具有以下特性：

物理性状方面，容重应该控制在0.1～0.8克/厘米^{3}范围内，容重大的基质紧实，易板结，透水透气性差，不利于根系的伸展，并且不方便运输；容重小则浇水后基质易漂浮散落，不利于秧苗根系的固定，易出现倒伏。总孔隙度范围应控制在70%～80%，能提供20%～30%的可利用水和20%的空气即可，大小孔隙比在1：2～1：4范围内为宜。孔隙度大，能够增加基质的透气性和持水特性，这有利于根系的生长，但易造成秧苗扎根不稳，出现倒伏。

化学性状方面，基质的pH过高或过低都会对植株产生毒害作用，一般用于水稻育苗的基质pH以控制在4.5～5.5为宜。基质的电导率值（EC值）、阳离子交换量（CEC值）主要影响植株对营养物质的吸收。理想育秧基质中的EC值应该控制在0.75～2.0毫西门子/厘米，CEC值大于22.6毫摩尔/千克。

生物性状特指有机物基质的腐熟程度，未腐熟的基质生物性状极不稳定，容易对植株产生毒害作用，常见有机物基质很多都是由农业废弃物或其他有机物发酵而来，虽然基质的原料不尽相同，无法用同样的标准加以限定，但是依然可以通过基质中微生物的活性及基质对植物生长的影响来衡量基质的腐熟程度。此外，在实际生产中，基质原料必须无毒、未携带重金属元素和病虫害源，可以长期大量获取，对自然无公害。

水稻机插秧育秧基质种类繁多，大体可分为无机物基质、有机物基质及复合基质三类。无机物基质主要包括蛭石、沸石、河沙、珍珠岩、炉渣以及一些天然矿物质；有机物基质一般是一些高碳，并具有一定生物活性的动植物残渣经过发酵或者腐熟制成的，含植株生长所需的各种营养元素，不易流失，有较强的保水保肥能力，但稳定性较差，比较常见的有机物基质有草木灰、食用菌渣、锯木屑、腐熟树叶、稻壳等；复合基质指综合无机物基质和有机物基质2种基质的优点，按不同比例配制而成的基质，具有各种养分充足、保水保肥能力强、透气性好、缓冲能力强等优点。目前生产中应用的商品化基质以复合基质为主。目前育苗基质与常规土育苗的差异主要在于基质对水、气、热及养分的缓冲能力往往相对较差，导致前期基质育苗顶盖，出苗慢，秧苗不整齐，前期秧苗容易脱肥。上述限制性因素除基质自身的特性影响外，缺乏针对性配套育苗技术也是重要原因。

3.2.2 实施方法

建三江分公司以工程弃土或其他贫瘠土壤为主要成分，添加草炭土、椰糠、腐熟秸秆、蛭石、珍珠盐等物料，肥料、调酸剂等成分制作育苗基质。其基础配方为：10%秸秆腐熟土+90%工程弃土+肥料和调酸剂（图3-4）。

通过对工程弃土或其他较为贫瘠的土壤添加草炭土或椰糠等物料进行改良，降低土壤比重，提高蓄水保水及透气能力，形成符合育秧生产的基质土（表3-1、表3-2）。其技术优势表现为基质土改良规模化生产，极大程度上降低了对耕地表土的依赖，解决了秧田取土难、质量差等问题，是实施黑土耕地保护的又一项有力措施。同时对叠盘工厂化育秧起到积极推动作用（图3-5至图3-7）。

图3-4　改良后基质土

图3-5　秧苗根系长势

图3-6　秧苗长势

图3-7　秧苗根系长势对比

表3-1　基质土与对照养分含量比较

农场	处理	碱解氮	有效磷	速效钾	有机质	pH	有效铁	有效锰	有效铜	有效锌
		毫克/千克	毫克/千克	毫克/千克	克/千克		毫克/千克	毫克/千克	毫克/千克	毫克/千克
创业	基质土	219	60.2	939	61.4	5.61	453	66.4	2.46	0.98
	对照	177	23.1	170	29.0	5.37	365	37.1	2.65	0.36
浓江	基质土	217	63.5	891	64.3	5.63	459	60.9	2.31	1.08
	对照	166	28.9	200	36.9	5.46	373	25.4	2.03	0.59
前进	基质土	209	27.8	1118	73.1	5.61	275	38.0	1.41	3.75
	对照	162	12.5	158	33.3	5.50	246	58.0	1.94	0.60

表3-2　秧苗素质的比较

农场	处理	出苗率(%)	株高(厘米)	叶龄(叶)	根数(条)	茎基宽(毫米)	地上百株(克)		地下百株(克)	
							鲜重	干重	鲜重	干重
创业	基质土	87.30	11.6	3.2	12.8	2.50	11.20	1.80	14.5	1.50
	对照	85.20	11.3	3.2	12.6	2.50	10.70	1.70	12.8	1.40
浓江	基质土	86.93	10.7	3.0	13.4	2.53	11.47	1.83	15.7	1.53
	对照	89.92	10.5	3.1	12.8	2.57	10.80	1.77	12.6	1.43
前进	基质土	92.20	16.1	3.3	8.3	2.10	7.40	1.30	2.7	0.5
	对照	92.50	15.1	3.3	8.1	1.90	6.00	1.10	2.0	0.4

3.2.3　效益分析

使用工程弃土作为育秧基质的主要成果，降低了水稻育苗对耕地表土的依赖，在保证育苗质量的同时，实现规模生产，提高工作效率。另外，改良基质土的应用解决了秧田取土难、质量差等问题，保障了农时标准和生产安全。

（1）种植户直接资金投入效益分析

制备育秧基质土的主要原料为工程弃土和秸秆腐熟土。①工程弃土只需要简单地运输、晾晒、粉碎、过筛即可达到使用状态，成本约132元/米^3。②秸秆腐熟土是将秸秆进行腐熟，腐熟后进行粉碎过筛制成，其中包括人工、机械、维护设备等成本。③添加特殊配方制作成的核心料，可以制成育苗的合格土壤。

成本核算见表3-3。

表3-3　育秧基质土成本核算

科目	价格（元/米^3）	原料比例（%）	基质土各成分价格（元/米^3）
工程弃土	132	70	92.40
秸秆腐熟土	216.6	20	43.32
核心料	600	10	60.00
搅拌人工	20		20.00
合计			215.70

种植户需要自行购土，按市场价900元/车，折合150元/米^3，出土量按75%计算，加上人工、损耗和机械消耗，折合250元/米^3。基质土低于农户自购苗床土34.3元/米^3。种植户每种植1亩土地将节省用土成本6.36元。另外，改良基质土使成

品不存在质量问题，而种植户自购土质量不均造成影响不计算在内。

（2）基质土配合暗室叠盘育秧双效益分析

以每栋大棚用成品土11米^{3}计算，从育苗到插秧及收获的整个过程直接成本和产量增幅为20斤/亩，进行效益对比分析（表3-4）。

表3-4　基质土和常规土育秧效益分析

项目	基质土	常规土	亩增效（元）
土成本	1.19元/盘	1.38元/盘	6.08
用苗量	32盘/亩	35盘/亩	12.00
补苗	0	20元/亩	20.00
生产增产	立针苗插秧保苗株数提高，无缺穴带来增产 优质插秧带来早返青、早分蘖，育大穗带来增产		27.00
隐形增产	立针苗带来工作强度降低，有精力提高备耕整地质量带来增产		
直接增效			65.08

基质土配合暗室叠盘育秧，相对于种植户常规插秧可增效65.08元/亩，如果今后进行规模化生产，生产成本将进一步降低，效益保持稳定不变。

物资方面的节省为18.08元/亩，立足长远发展，今后的人工将愈加匮乏，可长期提供优质稳定的立针苗，可以大大降低生产风险、劳动强度，从而可以集中精力备耕生产，提高整地打浆质量，有充足的时间购买准备物资，做好插秧和田管工作，提高工作质量和精度。

3.2.4 注意事项

（1）基质土保存在干燥避雨环境下，避免受潮或淋湿导致结块。

（2）储存时间超过3个月，在使用前要检验产品pH，保证在4.5～5.5方可使用。

（3）产品中含有腐熟秸秆，在苗期对酸的消耗量较大，苗期要进行调酸1～2次。

（4）该产品透水、吸水性较好，应用在叠盘暗室时，水量不宜过大，浇透即可。

（5）基质土作为底土使用，不能作为覆盖土，底土厚度应达到1.8～2.0厘米。

3.3 寒地水稻旱育壮苗秋摆盘技术

3.3.1 技术概述

秋摆盘技术是将当年春季的水稻育苗摆盘工作提前到前一年度秋季实施。其技术优势表现为：①秋季摆盘不必清理苗床积雪，置床表面干燥，方便农事操作，工作效率高和摆盘标准高，省工省力，且用工价格低。②春季扣棚后积雪融化快，雪水自然浇透苗床，冬水春用，既节约用水，又有利于提高苗床温度。③生产中经常因为冬雪大导致春涝，致使大田取土、床土制备和摆盘困难，影响摆盘质量。由于秋季降雨少，适宜摆盘时间长，采用秋摆盘可有效解决这些问题。④另外，秋做床、秋摆盘有利于土壤熟化，减少病虫害，提高秧苗素质。

3.3.2 实施方法

（1）置床准备

根据摆盘时间，提前早整地、早做床，使置床平整、土壤细碎、土质疏松。置床要求床面达到：

深：置床化冻深度20～30厘米。

平：床面平整，每10米^{2}内高低差不超过0.5厘米。

直：置床边缘整齐一致、步道砖摆放在一条直线上，每10延长米误差不超过0.5厘米。

净：置床内无草根、石块等杂物。

碎：床面土壤细碎，无直径大于1.0厘米土块。

实：床体上实下松，紧实度一致。

干：床土土壤田间持水量60%～80%。

达到常规摆盘状态后，常规420米^{2}大棚用10%草克星20～30克封闭一遍。

（2）摆盘

①床土制备。选择草籽基数小、无药害的苗床土，粉碎过筛备用。将3份过筛床土与1份草炭或腐熟有机肥或生物有机肥混拌均匀，所需床土和有机肥要坚持常年培养制造，确保数量质量。稻田土在农闲时取运到床土场，经粉碎、调制，

诱发草籽，并掺混草炭或腐熟有机肥或生物有机肥，堆好、苫严备用。

②摆盘和播土。摆盘时间根据气候条件及天气情况确定，一般在9月20日至11月5日。在床面铺断根网或有孔地膜，空盘摆放整齐、贴紧，摆盘、播土同步进行，盘土厚度1.0～1.2厘米；播土后浇封冻水，表层土湿透即可。

③春季扣棚。春季不清雪直接扣棚，时间与常规一致。扣棚后用胶布封死棚门，不必开棚散墒。如上一年积雪过多，扣棚后可在封闭大棚前撒施草木灰促融积雪，播种前5～7天开棚散墒。

④壮秧剂施用。播种前2天覆壮秧剂。壮秧剂需要与适量床土充分混匀，用电动覆土机播施。一栋360米^{2}标准棚需要1.5～1.8米^{3}苗床土，使底土厚度最终达到1.8～2.0厘米。施用壮秧剂后浇一遍小水，以刚有明水为宜。

⑤其他。其他农艺环节同常规。

3.3.3 效益分析

秋摆盘床面干燥，工作效率高、标准高，不必清理苗床积雪，且秋季用工价格低。利用雪水自然浇透苗床，冬水春用；避免春涝导致的本田取土、床土制备和摆盘困难，缓解农时紧张，保证农时标准。秋做床、秋摆盘利于土壤熟化，减少病虫害发生。秋摆盘较春摆盘每栋大棚节本660元，按照每栋大棚为50亩大田供秧计算，亩节本13.2元（表3-5）。

表3-5 秋摆盘经济效益分析

项目	秋摆盘			春摆盘		
	用工数量（工/棚）	价格（元/工）	人工费（元/棚）	用工数量（工/棚）	价格（元/工）	人工费（元/棚）
清雪和扣棚	0	0	0	1.0	300	300
营养土及置床处理	3.5	150	525	4.0	200	800
运营养土、摆盘及播土	0.8	150	120	0.8	200	160
置床喷药及浇底水	0.5	150	75	0.6	200	120
合计			720			1 380

3.3.4 注意事项

（1）严格执行“两秋三常年”工作，两秋为秋整地、秋做床，三常年为秧棚常年固定、常年培肥地力、常年制造有机肥。

（2）抓紧农时，摆盘工作在秋收结束后及时进行。

（3）置床需平整、耙碎、压实，避免有架空层。

（4）清理干净置床内的杂草根系，以免次年杂草萌发生长造成顶盘现象，导致秧苗吊死。

（5）秋摆盘的盘土厚度应达到要求，并且要备足次年的苗床覆盖土。

（6）摆盘需整齐规范、靠紧压实，干旱时浇一次封冻水，以免冬季受风蚀影响造成盘土位移。

（7）摆盘结束后，苗床四周需挖好排水沟，并保证沟沟畅通。

(8) 提倡随春季补土同步施用壮秧剂，如采用春季撒施的方式，注意采用扬肥器拌土均匀撒施，施用后先微喷浇小水溶化壮秧剂，避免有明水，肥药集中，导致肥害药害。

(9) 3月初不清雪直接扣棚，融雪水基本能够满足底水需求，适量补水即可。

3.4 水稻自动化温汤浸种消毒技术

3.4.1 技术概述

种子消毒是防治干尖线虫、恶苗病等种传病害的主要方式。目前种子消毒主要采用药剂浸种和种子包衣的方式，但是存在如下问题：①药剂浸种和包衣浸种残液排放污染环境，平均每浸种1吨种子，排放污水1.25吨；②药剂浸种和包衣不符合有机稻米生产技术要求；③种子包衣和浸种催芽成本高，不利于低成本稻作。

温汤浸种消毒技术是根据种子耐热能力常比病原菌耐热能力强的特点，用较高温度热水浸泡杀死种子表面和在种子内部的病菌，有效预防种传病虫害，不会对种子发芽、出苗、产量造成负面影响（表3-6至表3-8），具有环保、省工省力、利于有机绿色栽培的特点，是目前实施农业绿色生产、实现黑土耕地保护的一项有效技术措施（图3-8）。

表3-6　不同处理播种－出苗及病害情况调查表

处理	样本量（n=20）	出苗率（%）	发芽率（%）	恶苗病（%）	立枯病（%）
温汤处理	均值	88.2	92.6	0.02	0
	最大值	93.6	95.3	0.09	0
	最小值	84.2	89.8	0	0
包衣处理	均值	87.2	89.8	0.02	0
	最大值	93.1	94.5	0.08	0
	最小值	82.3	86.3	0	0

表3-7　不同处理秧苗素质情况调查表

处理	样本量（n=20）	株高（厘米）	叶龄（叶）	根数（条）	百株地上（克）		百株地下（克）		茎基宽（毫米）
					鲜重	干重	鲜重	干重	
温汤处理	均值	13.5	3.5	11.8	10.2	3.1	9.1	3.0	2.3
	最大值	13.7	3.7	12	10.9	3.4	9.9	3.2	2.4
	最小值	13.2	3.0	9	8.2	2.6	8.1	2.7	2.1
包衣处理	均值	13.2	3.3	10.3	9.6	2.8	8.8	2.8	2.3
	最大值	13.8	3.7	11	10.5	3.1	9.3	2.9	2.4
	最小值	12.5	3.0	9	7.9	2.4	7.7	2.4	2.0

表3-8　不同处理产量及产量构成情况

处理	样本量（n=20）	穗数（穗/米^2）	穗粒数（粒/穗）	结实率（%）	千粒重（克）	理论产量（千克/亩）	实测产量（千克/亩）
温汤处理	均值	526.3	86.4	94.8	23.9	608.4	535.5
	最大值	627.0	96.3	95.5	25.2	692.9	624.0
	最小值	450.2	61.2	92.6	22.1	571.7	518.5

（续）

处理	样本量（n=20）	穗数（穗/米^2）	穗粒数（粒/穗）	结实率（%）	千粒重（克）	理论产量（千克/亩）	实测产量（千克/亩）
包衣处理	均值	518.7	82.0	94.2	24.1	611.3	534.4
	最大值	625.6	95.3	96.5	26.4	685.6	625.8
	最小值	437.8	70.3	93.5	22.4	565.2	514.5

图3-8　温汤浸种处理与常规对照的比较

3.4.2　实施方法

（1）时间安排

根据水稻播种、插秧计划，合理安排种子温汤批次及时间。播种前10～12天开始种子温汤处理。种子温汤前应取样备份、检测发芽率、分装、登记并安排浸种催芽时间。

（2）种子温汤准备

将种子装在网状袋中（长95厘米、宽63厘米、40目），每袋种子重量在40千克以内，每袋预留空间至少30%。

（3）种子温汤处理

向温汤槽内注水，水面高度淹没种子袋10厘米以上。水温要求控制在60℃，温度设定上限值63℃，下限值58℃。种子浸入温汤槽后，多点测定温度，待整袋种子内外温度均匀达到60℃时开始计时，温汤消毒时间为10分钟。采用专业设备监测温汤的生化指标，避免水质污染。

（4）种子降温

温汤消毒后通过换乘传送装置将种子运送到13～15℃的冷却池降温5分钟，并通过扰动风机搅拌，冷却后晾干脱水（图3-9）。

图3-9　自动化温汤浸种消毒生产线

3.4.3　效益分析

温汤浸种消毒技术采用物理方法代替传统化学方法，大幅度降低浸种催芽时化学药剂使用对土壤及水源的污染，同时有效减少使用成本。

温汤设备投入148万元，按10年折旧，年浸种工作量600吨（每天工作量40吨，作业时间15天），计算设备投入成本为250元/吨。设备按每小时浸种工作量2吨，需要4个人工，合计1 200元，工作10小时，人工费成本为60元/吨；首次温水槽及冷水槽需水15吨，费用75元，每小时消耗水量为0.3吨，费用1.5元，水费为5元/吨；全负荷工作合计功率28千瓦，间歇性工作平均每小时用电15千瓦时，电费为3.8元/吨；柴油按照市场价计算，燃油费成本为65元/吨。共计成本为383.8元/吨。

包衣浸种处理中，药剂投入1 000元/吨。污水无害化处理装置投入60万元，按10年折旧，年工作量2 000吨种子，成本投入为30元/吨。污水处理药剂按处理水4元/吨计，成本为5.44元/吨。污水处理电费按污水抽吸、排放、沉降2.5元/吨计算，成本为3.4元/吨。共计成本为1 038.84元/吨（表3-9）。

表3-9 水稻温汤浸种技术与常规包衣浸种成本对比分析

项目	温汤浸种消毒		项目	常规对照	
	生产投入	成本（元/吨）		生产投入	成本（元/吨）
设备投入（元/台）	1 480 000	250	包衣（元/吨）		1000
人工费（元/小时）	120	60	污水无害化处理装置（元）	600 000	30
水费（元/小时）	1.5	5	污水处理药剂（元/吨）	4	5.44

（续）

项目	温汤浸种消毒		项目	常规对照	
	生产投入	成本（元/吨）		生产投入	成本（元/吨）
电费（元/小时）	8	3.8	污水处理电费（元/吨）	2.5	3.4
燃油费（元/小时）	130	65			
合计	—	383.8	合计		1 038.84

3.4.4 注意事项

（1）严格控制温汤温度，避免温度过高影响种子芽率，或温度过低影响消毒效果。

（2）不同品种种子对高温的耐受能力存在差异，种子温汤处理前应进行预试验。

（3）温汤消毒后的水稻种子要妥善保管，以免再次沾染病菌。

（4）种子袋以40千克左右为宜，种子过少容易夹种子袋。

（5）种子袋预留20%左右空间，避免受热不匀。

（6）种子放入温汤机械后，要多点、立体、实时监测水温，以防水温不匀影响消毒效果。

3.5 水稻叠盘暗室高效育苗技术

3.5.1 技术概述

叠盘暗室育苗技术是在工厂化育秧中心完成床土或基质

准备，采用硬盘播种，流水线全程机械化作业。一次性完成装土、浇水、播种、覆土、出盘、叠盘、入箱，暗室内恒温保湿快速出苗，一般48～60小时秧苗达到立针。种芽立针0.8～1.0厘米时出室炼苗，将立针秧苗连同秧盘摆放到育秧大棚进行常规管理（图3-10）。

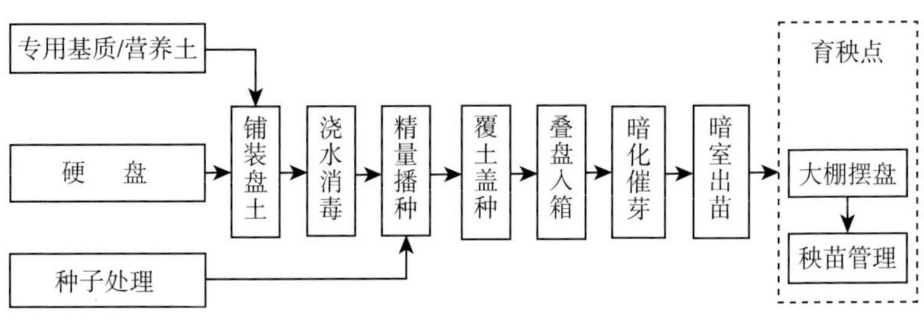

图3-10　叠盘暗室出苗育秧流程

育秧是水稻种植中的重要环节，有效育秧不仅省时和节本，而且能保证秧苗素质和质量。进一步优化育秧方式，解决水稻常规育秧方式棚内温、湿度难控，出苗不齐，秧苗素质差，早播低温等问题。建三江分公司推广叠盘暗室高效育苗技术，此项技术出苗快、出苗齐、出苗壮，进一步提升育秧的标准化程度和秧苗质量，减少人工成本，与常规育苗对比优势显著。该技术优势表现在五个方面：

（1）机械化程度高，播种后采用智能机械人码盘，智能控制暗室内温湿度，叉车运输、铲车装土和电动轨道车应用，较常规育苗人工成本节约12.6元/亩。

（2）播种标准高，流水线作业播种均匀、可控，实现精量播种，与常规播种方式相比，每亩减少种子10%，亩节约成本5元，使育秧总成本下降。

（3）缩短育秧时间，播种后暗室内温度控制在32℃恒温保湿，48～60小时达到立针期，较常规育苗育秧天数缩短4～6天，20～23天达到3.1～3.5叶龄（表3-10）。

表3-10 出苗及育秧时间情况

育秧方式	播种时间	平均相对湿度（%）	达到恒温32℃时间（小时）	立针时间	育秧总时间（天）
叠盘暗室	4月5日	75	8	4月7日	3
常规育苗	4月5日	—	—	4月12日	7

（4）出苗率及成苗率高，采用叠盘暗室出苗率、成苗率、标准苗率极显著高于常规育苗，分别提高了5.21%、5.64%、7.77%，且插秧用量极显著低于常规育苗用量，降低了8.37%，亩减少用苗3～5盘（表3-11）。

表3-11 秧苗评价及插秧用量的比较

育苗方式	出苗率（%）	成苗率（%）	标准苗率（%）	插秧用量（盘/公顷）
叠盘暗室	92.34aA	89.78aA	92.49aA	490.80bB
常规育苗	88.72bB	84.99bB	85.82bB	531.90aA

注：同一列不同小写字母表示在0.05水平上差异显著，不同大写字母表示在0.01水平上差异显著。

（5）秧苗素质好，出苗整齐、长势均匀，根系发达；叠盘暗室比常规育苗移栽前的叶龄增加0.29叶，单株总根数增加1.07条，单株茎基宽增加0.22毫米，百株地上鲜重和百株地下鲜重分别增加1.09克、0.84克，百株地上干重和百株地下干重分别增加0.26克、0.17克（表3-12）。

表3-12　育苗方式对秧苗素质的比较

育苗方式	株高（厘米）	叶龄	根数（条）	茎基宽（毫米）	百株地上鲜重（克）	百株地下鲜重（克）	百株地上干重（克）	百株地下干重（克）
叠盘暗室	11.97aA	3.44aA	9.93aA	2.31aA	9.80aA	6.58aA	2.66aA	2.08aA
常规育苗	11.64aA	3.15bB	8.86bB	2.09bB	8.71bB	5.74bB	2.40bB	1.91bB

注：同一列不同小写字母表示在0.05水平上差异显著，不同大写字母表示在0.01水平上差异显著。

（6）增产效果明显，叠盘暗室高效育苗技术的有效穗数、穗粒数、结实率、理论产量和实测产量显著或极显著高于常规育苗。叠盘暗室比常规育苗有效穗数每平方米增加23.76穗，理论产量和实测产量分别提高了6.32%、5.07%。其增产的主要原因是有效穗数的增加，叠盘暗室育苗较常规育苗每公顷增产460.80千克，每公顷增效1 336元（按照1.45元/斤计算）（表3-13）。

表3-13　不同育苗方式对水稻产量及产量构成的比较

育苗方式	有效穗数（穗/米^2）	穗粒数（粒/穗）	结实率（%）	千粒质量（克）	理论产量（千克/公顷）	实测产量（千克/公顷）
叠盘暗室	563.86aA	86.31aA	90.50aA	25.88aA	11 338.05aA	9 542.25aA
常规育苗	540.10bB	85.31bA	89.87bA	25.87aA	10 663.80bB	9 081.45bB

注：同一列不同小写字母表示在0.05水平上差异显著，不同大写字母表示在0.01水平上差异显著。

（7）叠盘暗室育苗实现了从播土至出苗的自动化作业，部分实现工厂化育秧（图3-11、图3-12）。

图3-11　流水线机械化作业

图3-12　智能机械手码盘

近五年，建三江分公司加强智能化建设，推进农机无人化改造，围绕农业生产全流程，落实推广农业新技术，水稻叠盘暗室高效育苗技术累计应用面积142.27万亩，2022年水稻叠盘暗室高效育苗技术被评为全国百项重大农业科技成果，2023年被列为农业农村部20项高产高效种植技术之一。

3.5.2　实施方法

（1）催芽

采用“双氧催芽”是在常规浸泡式浸种催芽的基础上，集成运用臭氧消毒、快速催芽、供气增氧、温度补偿、高温散热、降温控芽、温水浇灌七大核心技术，实现低能耗下自循环、供气增氧、散热喷淋等系统自动化运行。催芽温度25～28℃，需催芽20～24小时。催芽后置阴凉处，晾芽3～6小时。催芽的适宜标准为芽和根各长1.5～2.0毫米，呈“双山”形，均匀整齐一致。浸种催芽时间按育秧类型和插秧时间进行倒推。

（2）育秧土选择

选择土质松散、有机质丰富的营养土或者专用育秧基质，筛除直径＞5毫米土块及石子等异物，营养土或专用育秧基质pH调至4.5～5.5。

（3）播种

播种前进行晾芽，确保不粘连，根据育秧方式及品种特性合理确定播量。采用流水线全程机械化精量播种，即装土、播种、浇水、覆土、出盘、叠盘、入箱等一条龙作业。底土厚度1.5～2.0厘米，以覆土后表土低于秧盘上边缘0.5厘米为宜，覆土厚度0.7厘米左右；喷水量根据床土种类和干燥情况而定，一般每盘喷水量1.2～1.5升，以秧盘底土湿透、表面不积水、盘底不滴水为宜。保证育秧底土一致，播种均匀，浇水透彻，覆土严密。

①密苗育秧（2.1～2.3叶龄）。硬盘每盘播9 500～9 700粒（干种量每盘250克以上），4月21—23日立针苗入棚（根据插秧时间倒推播种准确时间）。

②常规育秧（3.1～3.5叶龄）。硬盘每盘播4 500～5 000粒，4月8—13日立针苗入棚（根据种植户插秧结束时间倒推最后播种准确时间）。

③超早生产（5.1～5.5叶龄，带1～2个蘖）。秧盘每盘播3 800～4 000粒，3月29日—4月3日立针苗入棚（根据农场气候和插秧时期合理确定播种时间）（图3-13、图3-14）。

图3-13　自动化浇水

图3-14　精量播种

（4）叠盘入箱

流水线上播种后的硬盘20～21盘为一摞，叠放在秧盘托盘上，每个托盘8摞，用叉车送入暗室中，每个暗室960～1 008盘（图3-15）。

图3-15　EPS彩钢板暗室

（5）暗室增温出苗

盖好暗室保温层，关闭电动门，封闭四周，不透风透光，挂好温、湿度计，检查各个控制设备是否处于正常工作状态。温度控制在32～35℃，相对湿度60%～80%，经48～60小时秧苗达到立针期（图3-16）。

图3-16　暗室温湿度控制

（6）出室炼苗

立针苗长至0.8～1.0厘米时，移出暗室，室内常温条件下炼苗，提高秧苗对大棚温度的适应性（图3-17）。

图3-17 出室炼苗

（7）摆入大棚

出室炼苗后将立针苗运至大棚进行摆盘。摆盘前置床要平、实，秧盘摆放整齐；摆盘时床底要撒一层过筛营养土，保证秧盘与底床充分接触，盘间衔接紧密，防止盘底悬空及盘间空隙过大，导致底床及边缘盘土落干过快，摆盘后立即覆盖无纺布，1～2天转绿后揭膜，并做好棚内增温措施（图3-18、图3-19）。

图3-18 立针苗入棚

图3-19 立针苗转绿揭膜

（8）秧田管理

秧苗转绿后，严格按照水稻秧田管理技术规程管理。做好温湿度管控、调酸、消毒、施肥、防病、灭草、防冻等工作。一是温度管理，立针期棚内温度严格控制在28～30℃；

1.5叶期棚内温度控制在25～28℃；移栽前2～3天棚内温度控制在22～25℃，及时通风炼苗，夜间温度低于10℃时，要做好棚内保温措施。二是水分管理，严格做到“三看”浇水，秧田期一般较常规育苗多浇水2～3次。三是调酸防病，1.5叶期要及时进行调酸防病。四是插秧准备，做好苗前“三带”工作。超早育5.1～5.5叶大苗要保证秧龄达到35～40天；常规育4.1～4.5叶大苗要保证秧龄达到30～35天，常规育3.1～3.5叶中苗要保证秧龄达到25～30天；密苗育2.1～2.3叶苗要保证秧龄达到15～17天（图3-20、图3-21）。

图3-20　移栽前根系长势

图3-21　分蘖期长势

3.5.3　效益分析

叠盘暗室育苗成本为161.4元/亩，每栋大棚成本10 693.4元；常规育秧成本为150.4元/亩，每栋大棚成本8 295.5元。叠盘暗室较常规育秧成本增加了11.0元/亩；叠盘暗室较常规育苗每栋棚成本多2 397.9元。叠盘暗室育苗较常规育苗增产约30.7千克/亩，按照市场价格2.60元/千克，效益增加79.8元/亩，节省补苗成本20元/亩，净利润每亩增加88.8元（表3-14）。

表3-14　叠盘暗室育苗和常规育苗效益分析

成本构成	叠盘暗室育苗		常规育苗	
	元/栋	元/亩	元/栋	元/亩
人工费	2 833.7	47.1	2 260	41.1
生产物资	4 518	75.2	4 447.2	80.5
常规设施折旧	1 333.9	22.3	1 588.3	28.8
叠盘暗室配套设备折旧	2 007.8	16.8	—	—
合计	10 693.4	161.4	8 295.5	150.4

注：①叠盘暗室配套设备折旧：不同设备按照年工作量及折旧时间进行折算成本，其中，罩棚由原有厂房改装的，只计算改造成本；运输叉车如果为租用形式的，按照租金及工作量计算成本。②工作量计算：单套暗室年工作量11 000盘以上；单套播种流水线日工作量标准棚3栋棚室，累计育秧总栋数计算设备年折旧。③成本计算：标准棚摆盘1 950盘，插秧面积60亩。

3.5.4　注意事项

（1）播种作业前，要提前做好上盘、覆土、播量、水量等环节的调试工作，运转正常后方可进行作业，避免边调试边作业，影响暗室作业效率。

（2）盘土厚度要适中，避免过薄盘根效果差，过厚增加作业强度，出现顶盖现象。

（3）育秧土采用过筛细土，保持干爽。避免含有土块、杂物或湿度较大的盘土影响作业质量。

（4）科学调配芽种出箱时间，做好衔接，避免未催芽种子直接播种。

（5）喷水量根据床土种类和干燥情况而定，一般每盘喷水量为1.2～1.5升。避免水量过大冲击底土影响播种质量和过小影响出苗率。

3.6 水稻密苗节本栽培技术

3.6.1 技术概述

密苗节本栽培技术是在叠盘暗室快速出苗条件下，将播种密度由常规的100～150克/盘提高到280～300克/盘，在叶龄2.1～2.3叶期移栽的快速、高效、低成本栽培技术（图3-22至图3-25）。随着从事农业人群老龄化程度和生产

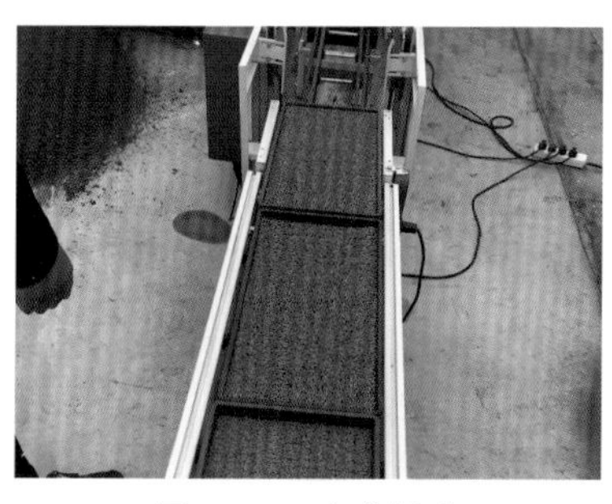

图3-22 密苗播种

图3-23 密苗秧田长势

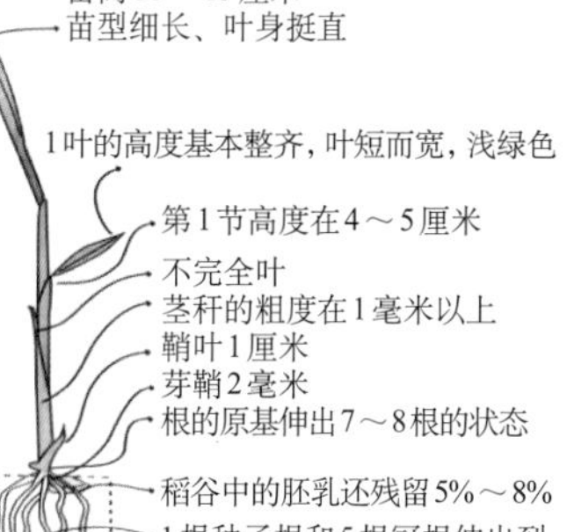

图3-24 标准密苗长势

图3-25 密苗移栽前长势

成本的日益提高，且播种、育苗、整地、移栽的时段是用工的高峰期，这成为规模化扩大的限制因素，省工、省力、高效低成本栽培将成为未来的发展方向。通过寒地水稻密苗机插（2.1～2.3叶龄）栽培技术，实现缩短育秧进程，减少单位面积秧盘数，降低生产成本，达到节本增效目标。技术优势表现在3个方面：

（1）秧苗2.1～2.3叶期开始移栽，较常规育秧缩短育秧期10～15天，降低秧苗秧田期感病风险（表3-15）。

表3-15　不同育苗方式下播种量及秧龄的比较

育苗方式	播种量（粒/盘）	秧龄（天）
叠盘暗室密苗	9 638	19.47
叠盘暗室常规苗	4 684	30.87

（2）亩插秧量13～16盘/亩，减少育苗面积2/3，播种及育秧时间减少2/3，材料费可节约1/2，是一种高效简约育苗方法（表3-16）。

表3-16　不同育苗方式下亩用盘量及基本苗数、穴数的比较

育苗方式	亩用量（盘）	基本苗数（株/穴）	每平方米穴数（穴）
叠盘暗室密苗	17.53	7.87	25.77
叠盘暗室常规苗	33.13	7.55	25.80

（3）秧苗叶龄小，根量少，植伤轻，抗寒能力强，返青快，利于早生快发，利用低位分蘖（表3-17、表3-18）。

表3-17　不同育苗方式下秧苗素质及单株分蘖的比较

育苗方式	株高（厘米）	叶龄（叶）	根数（条）	百株地上鲜重（克）	百株地上干重（克）	百株地下鲜重（克）	百株地上鲜重（克）	茎基宽（毫米）	单株分蘖数（个）
叠盘暗室密苗	10.76	2.19	6.48	5.59	1.21	4.82	1.03	1.69	2.49
叠盘暗室常规苗	13.36	3.26	9.06	7.87	2.01	5.85	1.45	2.30	2.29

表3-18　不同育苗方式下产量及产量构成因素的比较

育秧方式	有效穗数（个/米^2）	穗粒数（粒/穗）	结实率（%）	千粒重（克）	理论产量（千克/亩）	实收产量（千克/亩）
叠盘暗室密苗	571.41	85.15	90.01	25.83	642.09	615.48
叠盘暗室常规苗	550.79	86.37	90.62	25.94	631.23	613.52

近五年，寒地水稻密苗节本栽培技术在建三江分公司应用面积约16.71万亩。

3.6.2　实施方法

（1）浸种催芽

采用“双氧催芽”，催芽温度25～28 ℃，催芽时间20～24小时，催芽后置阴凉处晾芽3～6小时。催芽的适宜标准为芽和根各长1.5～2.0毫米，均匀整齐一致。浸种催芽时间按育秧类型和插秧时间进行倒推。

（2）播种

采用硬盘流水线播种，底土厚度1.5～2.0厘米，以覆土后表土低于秧盘上边缘0.5厘米为宜；每盘播9 500～9 700粒（干种量每盘250克以上）(图3-26)；覆土厚度0.7厘米左右；每盘喷水量1.2～1.5升，以秧盘底土湿透、表面不积水、盘底不滴水为宜。叠盘暗室快速出苗，4月21—23日立针苗入棚。

图3-26　密苗播量

(3) 整地插秧

本田整地质量要求较高，要达到还、直、齐、碎、透、平、匀、净、减、培标准。还：在秋收时秸秆全量"还"田，秸秆粉碎长度5～10厘米，翻地深度20～22厘米，将秸秆全部扣入垡下，不留白茬。直：通过秋翻地、翻后旋确保整地到头到边，不留死角，通过筑埂机的应用使池埂横平竖"直"。齐：整地方向与水渠平行，避免堑沟不直导致插秧方向不直，达到格田四周整"齐"一致。碎：便于全程机械化作业，减少池埂等田间工程占地面积，整地时用大犁、旋耕机、推土机和钩机等机械将格田取高填洼、松"碎"土壤，改善耕层结构。透：放水泡田前先进行旱整地，3～5天垡片泡"透"后即可进行水整地。平：在激光旱平的基础上，以大中型机车与小型拖拉机平地相结合的方式进行格田找"平"，格田内高低差＜3厘米，连片到边，扩大到15～30亩。匀：全田整地均"匀"一致，平而有浆、上浆下松，减少大马力机械作业次数。净：将格田植株残渣捞“净”，集中销毁。减：在平整地的基础上，节水灌溉，“减”少除草剂施用量、肥料用量及插秧后潜叶蝇防治次数。培：结合测土配方、侧深施肥、有机肥替代等措施进行“培”肥地力。

搅浆整地结束后，保持水层3～4厘米，沉淀5～7天，沉降标准为食指入田面约2厘米深度划沟，周围软泥慢慢恢复合拢为最佳沉降状态，为插秧适期。采用“花达水”插秧作业，插深1.5～2厘米，保证2.1～2.3叶期插秧作业后不出现淹苗情况（图3-27）。

图3-27　花达水密苗机插作业

（4）本田管理

按照水稻旱育稀植“三化两管”栽培模式进行管理，即：旱育壮苗智能化、全程生产机械化、稻谷品质安全化、叶龄指标计划管理、标准化管理。重点做好水层、病虫草害综合管理。一是上护苗水。插秧后要及时上护苗水，防止插秧后外界温度过低出现冻害。二是水层管理。密苗插秧时株高在10～15厘米，建立水层时防止水淹苗。三是除草剂使用。插秧后15～20天毒土或毒肥法施药，施药后保持水层5～7天。密苗插秧时叶龄较常规晚1叶左右，结合本田秧苗长势及杂草叶龄，进行二次灭草，主要包括稗草、阔叶草和莎草科杂草。四是病虫害防治。重点做好稻瘟病、鞘腐病、细菌性褐斑病、纹枯病，潜叶蝇、水稻负泥虫、稻螟蛉、稻飞虱的防治（图3-28至图3-31）。

图3-28　本田长势调查

图3-29　插秧后水层管理

图3-30　密苗机插返青期长势

图3-31　密苗机插分蘖期长势

3.6.3　效益分析

叠盘暗室密苗成本为94.5元/亩，叠盘暗室常规育苗成本为135.9元/亩，与叠盘暗室常规育秧相比，叠盘暗室密苗育秧节本41.4元/亩（表3-19）。

表3-19 叠盘暗室密苗和叠盘暗室常规育苗效益分析

成本构成	叠盘暗室密苗		叠盘暗室常规育苗	
	元/栋	元/亩	元/栋	元/亩
人工	1 981.0	16.5	2 050.0	37.3
生产物资	6 059.0	50.0	3 823.0	70.0
常规设施折旧	1 360.6	11.3	1 582.5	28.6
叠盘暗室配套设备折旧	1 999.0	16.7	—	—
合计	11 399.6	94.5	7 455.5	135.9

3.6.4 注意事项

（1）覆土选用松散、干爽的土壤，注意覆土厚度，避免出苗时出现顶盖现象。

（2）随着播种量的增加，尽量让所有种子着土，避免种子堆叠，会出现重摞现象。

（3）注意水分和温度管理，避免硬盘边缘散热炙烤秧苗，失水落干易打卷。

（4）格田平整度标准要高，建立“花达水”进行插秧，避免出现淹苗现象；及时上护苗水，避免插秧后外界温度过低出现冻害。

（5）密苗插秧时叶龄较常规晚1叶左右，结合秧苗长势及杂草叶龄进行灭草，可适时推迟施药时间2～3天，避免药害发生影响秧苗生长。

3.7 水稻节水控制灌溉技术

3.7.1 技术概述

我国水资源紧缺、过度开发和不合理利用现象严重，传统农业灌溉方式浪费、低效、污染等问题突出。随着习近平总书记“节水优先、空间均衡、系统治理、两手发力”治水思路的提出，以及“国家黑土地保护工程”的实施，为实现水资源的合理利用，降低用水量，提高用水效率，控制灌溉技术应运而生。水稻田控制灌溉技术是指在水稻全生育期，结合水稻叶龄指标，以不同生育期不同的耕层土壤水分作为下限控制指标，确定灌水时间、灌水次数和灌水定额。结合智能灌溉系统，实现“浅、湿、干”循环交替的间歇灌溉新方式。该技术在建三江分公司累计推广面积超3 255万亩。技术优势表现在四个方面：一是增产效果明显，控制灌溉可以控制无效分蘖，促进根系生长，优化株型及群体结构，实现亩增产5%～10%；二是节水效果显著，控制灌溉亩用水量为300～350米^3，全生育期亩节水70～140米^3；三是抗倒伏能力增强，控制灌溉水稻根深、节短、秆粗、壁厚，可以实现根长增加10～15厘米，基部节间壁厚提高30%，基部节间长度缩短21%，抗倒伏能力显著增强；四是防污减排，控制灌溉排水少、渗漏少，可以减少面源污染和温室气体排放。

3.7.2 实施方法

（1）技术要点

结合标准化格田改造，单个格田内土壤高低差控制在3厘米以内，泡田前整平耙细，为节水灌溉创造有利条件。水源保障充足，结合灌区实际情况灵活用水，地表水灌区合理使用地表水、地下水和雨洪资源；井灌区结合拦蓄雪水、蓄积天降水、截流地表水和开采地下水。

采取“浅、湿、干”循环交替的灌水标准，“浅”为30～50毫米，“湿”为0毫米，“干”为土壤含水量60%～90%。按生育期和生产用水期分别采取轻控、中控和重控。轻控是土壤含水量80%～90%，田间表现为脚踩微沉粘鞋底，田面细缝始呈现；中控是土壤含水量70%～80%，田间表现为地面微湿不陷脚，田面裂缝交错呈现；重控是土壤含水量60%～70%，田间表现为地面干爽不粘鞋、田面裂缝宽又长。7月份以后，雨水充沛，蓄雨水一般不超过50毫米，时间不超过7天（图3-32）。

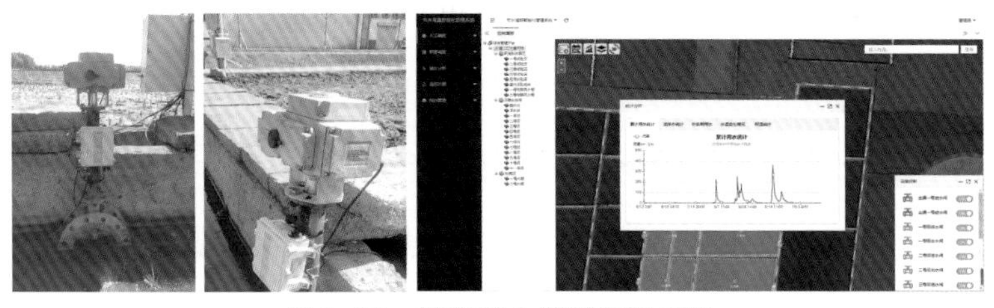

图3-32　智能节水灌溉控制系统

（2）技术内容

①泡田期。采取中控，灌水下限为土壤含水量80%，土

壤裂缝6～10毫米，其间结合水耙地封闭除草，用水量一般在每亩45～50米^3。

②返青期。花达水返青，插秧后7～10天灌第一次水，灌水上限为20毫米水层，采取中控，灌水下限为土壤含水量80%，土壤裂缝6～10毫米，其间结合灌水施肥，遇到低温冷害，需要灌深水保温。

③分蘖期。分蘖初期轻控，灌水下限为土壤含水量的90%，土壤裂缝2～4毫米，灌水上限为20～50毫米水层，蓄雨上限为50毫米；分蘖中期轻控，下限为土壤含水量的90%，土壤裂缝表现2～4毫米，灌水上限为20毫米水层，蓄雨上限为50毫米；分蘖末期重控，灌水下限为土壤含水量70%，土壤裂缝10～15毫米，灌水上限为土壤饱和含水量。

④拔节孕穗到抽穗开花期。采取轻控，灌水下限为土壤含水量的90%，土壤裂缝2～4毫米，必须及时灌水至上限，灌水上限为20毫米，蓄雨上限为50毫米。减数分裂期遇到17℃以下低温时，灌水17～20厘米保温，防止障碍性冷害。

⑤乳熟期。采取中控，灌水下限为土壤含水量的80%，土壤裂缝6～10毫米，蓄雨上限为20毫米。

⑥黄熟期。采取重控，灌水下限为土壤含水量的70%，土壤裂缝10～15毫米，灌水上限为土壤饱和含水量。

施药、施肥等生产用水期时要建立浅水层，服从生产用水需求（图3-33）。

图3-33　节水灌溉田间效果

3.7.3　效益分析

采用控制灌溉，平均增产30～60千克/亩，亩产以600千克/亩计，稻谷价格以2.6元/千克计，增收78.0～156.0元/亩。

全生育期节水70～140米^3/亩，提高灌溉效率，节水节能7.35元/亩。

合计节本增效85.4～163.4元/亩，平均节本增效124.4元/亩。

3.7.4　注意事项

（1）井水灌溉应采取延长水路、改进渠道结构、晒水池等综合增温措施，保证水温。

（2）井水灌溉时要防止大水猛灌，避免灌过塘水、长流水，充分发挥水的蓄能作用。

（3）面积300亩以内的地块，高温时间进行灌水；面积大于300亩的地块，夜间灌溉距水源近的田块，白天灌溉距离水源远的地方，午间高温时段灌溉中距离田。

（4）出水口高度5厘米，进行田间灌溉时要每7～10天更换一次进水口，避免进水口受冷水胁迫造成植株长势不均。

（5）智能灌溉监测点应采取多点监测，避免单点监测误差，保证高效、精准的水层控制。

（6）智能排灌水设施应能保证及时排灌，避免排水或灌水延迟影响植株生长。

3.8 水稻侧深施肥技术

3.8.1 技术概述

水稻常规抛洒施肥肥料用量大、施肥不均匀，容易造成浪费和面源污染，同时水稻长势、高矮、结穗大小差异大，影响水稻产量。2013年，中化农业和建三江分公司联手，率先探索水稻侧深施肥技术开发和试验示范，解决了侧深施肥农机和肥料配套滞后的问题，推动了施肥方式转变。2020年农业农村部将水稻侧深施肥技术作为农业农村绿色发展工作要点之一。水稻侧深施肥技术通过在插秧机上加装侧深施肥装置，在机插秧的同时将专用缓释肥料同步施于秧苗根侧3厘米、深5厘米的土壤中，实现均匀、定量施肥。在此基础上，可以通过对土壤肥沃度的实时监测，对施肥量进行动态调整，实现精准、变量施肥。该技术在建三江分公司累计推广超3 400万亩。技术优势表现在四个方面：一是营养生长足，增蘖增穗。集中深施肥前期营养充足，插秧后肥效接续速度快，返青速度提前2～3天，分蘖数增加3%～6%，有效穗增加10～20穗/米^2。二是劳动成本低，省工节本。侧深施肥实现了插秧同时同步施肥，采用基蘖同施，减少作业次数2～3次，降低人工成本。三是肥料利用率高，增产增效。侧深变量施肥可减少肥料施用量10%以上，提高肥料利用率5%～10%，亩增产6%～8%。四是优化土壤肥料供给结构，减少肥料流失。侧深施肥将肥料集中施于耕层中，利于根系吸收，每亩可减少损失纯氮0.8千克，硫酸钾1.1千克，有效保护黑土地和农业生产环境。

3.8.2 实施方法

（1）技术要点

①整地作业。充分翻埋秸秆，精细整地，耕整后地表平整，无残茬、杂草等，田块内高低落差≤3厘米。建议搅浆平地后泥浆沉实10天以上，沉实程度达到指划沟可缓慢恢复状态为标准，利于肥料精准定位和均匀覆土。

②肥料选用。

a.肥料种类。采用一次性施肥或基蘖同施的，宜选用含有一定比例缓控释养分的专用肥料，或以农场范围区域测土配肥；采用基追配合施肥的，可选用普通配方肥或复合肥料。

b.肥料要求。肥料应选择为圆粒型，粒径3～4厘米，颗粒均匀、防潮性好的专用肥，以防肥料通道堵塞。

c.肥料用量。基蘖肥同步施入，施专用肥商品量20～25千克/亩（地力条件好的地块施20～23千克/亩，条件差的地块施23～25千克/亩），穗肥根据苗情施尿素2千克/亩左右

(或调节肥1千克/亩，穗肥1千克/亩)、50%硫酸钾3千克/亩左右。一次性施肥，施专用肥商品量30千克/亩左右，后期不施肥。

③机械选择。选用带有侧深施肥装置的施肥插秧一体机或在已有插秧机上加挂侧深施肥装置，可以选用洋马、久富、沃德等插秧机以及气吹式、螺旋杆输送式侧深施肥装置。侧深施肥装置应可调节施肥量，量程需满足不同施肥量要求，能够实现肥料精准深施，落点应位于秧苗侧3～5厘米、深4～6厘米处。若结合变量施肥技术，则在插秧机上安装电极传感器、超声波传感器、温度传感器和可视平板变量施肥系统（图3-34）。

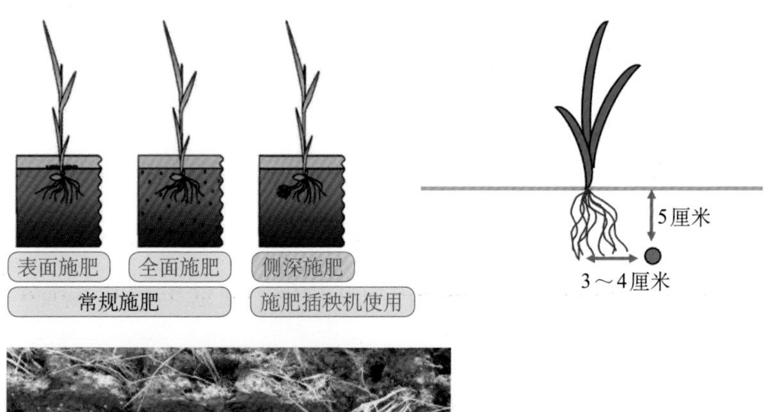

图3-34　侧深施肥方法示例

（2）作业程序

①机具调试。

作业前应检查施肥装置运转是否正常，排肥通道是否顺畅，气吹式施肥装置须检查气吹机气密性。插秧机下地前调整好排肥量，保证肥料没有结块，加肥不可过量，严防堵塞排肥口。

②机械作业。

a. 花达水插秧，水深控制在1～2厘米，根据机械的行距设置调整插秧规格。建议在机械上加载一个覆泥装置以保证及时覆泥并避免肥料漂浮。

b. 机械作业开始时，要求平缓发动机器，保证起步处有肥。

c. 作业时插秧机匀速作业，确认插秧部位下沉到位后再进行作业，保证插秧质量和肥料准确深施。

d. 作业中避免急停，保证肥料均匀、适量施入。

e. 水较多或池埂边为避免插秧部位悬浮，建议将液压灵敏度调到“硬田块”侧进行作业。

f. 机械停止作业时，抬起插秧部位将机械调整到液压锁止状态，如果维持下沉状态会出现开沟辅助板黏堵泥土等现象，导致再度作业时堵肥（图3-35）。

3.8.3　效益分析

水稻侧深专用肥成本投入较常规肥增加约11元/亩。

应用水稻侧深施肥技术，平均增产36～48千克/亩，亩产以600千克/亩计，稻谷价格以2.6元/千克计，增收93.6～124.8元/亩。结合变量施肥，可再增产约12千克/亩，增收

图3-35 水稻机插秧同步侧深施肥田间作业

31.2元/亩。

减少作业次数2～3次，减少机械投入15元/亩，减少人工成本5～6元/亩；减少肥料施用量3千克/亩，节本10元/亩；合计节本30～31元/亩。

合计节本增效112.6～144.8元/亩，平均节本增效128.7元/亩。

3.8.4 注意事项

（1）水稻收获后尽快秋翻，翻深25厘米左右，扣垡严密，保证根茬及秸秆充分埋于地下。

（2）水整地精细平整，不过分水耙，埋好稻株残体等杂物，避免卡住开沟器。

（3）结合标准化格田改造，可以实现肥料无破坏运到补肥点，避免机械破埂和人工堵埂。

（4）选用侧深施肥专用肥，保证施肥效果及生育期内肥效合理释放。

（5）侧深施肥可以提高肥料利用率，考虑适量减少施肥量，保证最大限度减肥增效。

（6）建议选用旋转推送式施肥装置，可以有效避免堵塞排肥口。

（7）受施肥器、肥料种类、作业速度、泥浆深度、天气等因素影响，应随时监控施肥量，避免肥料断条。

（8）作业完成后，应及时排空肥箱及施肥管道中的肥料，做好肥箱、排肥、开沟等部件的清洁，避免再作业时堵肥。

3.9 水稻有机肥替代部分化肥技术

3.9.1 技术概述

“十四五”时期，农业发展进入加快推进绿色转型的新阶段。2022年，农业农村部制定了《到2025年化肥减量化行动方案》，强调持续推进科学施肥、促进化肥减量增效，通过改进施肥方式和多元替代等技术措施实现减量增效，并指出在东北地区应重点推广机械深施技术和有机肥增施。水稻有机肥替代部分化肥技术是为进一步降低化肥用量，通过施用有机肥（或生物有机肥或微生物菌肥）替代部分化肥和专用肥，实现化肥减量增效、耕地质量提升、农产品提质增效，同时减少面源污染。该技术在建三江分公司累计推广超1 000万亩。技术优势表现在四个方面：一是实现化肥减量增效，通过有机肥替代部分化肥，每亩可以减少施用3～5千克化肥或专用肥，实现化肥替代减施10%～20%。二是促进土壤氮积累，有机肥替代部分化肥增加了土壤总微生物量，有效促进土壤中大分子有机物分解，释放矿质氮，连续有机肥替代比单施化肥的土壤全氮增加22%～76%。三是改善水稻品质，使用有机肥有利于水肥气调，可以促进水稻光合作用，增加光合产物的积累，提高籽粒蛋白质含量，改善稻米品质。四是改善土壤环境，使用有机肥可以增加水稻根际有益菌和土壤微生物及种群，增加土壤有机质含量，提高土壤肥力，改善土壤结构，实现耕地质量提升。

3.9.2 实施方法

（1）技术要点

①肥料选用。

a.肥料种类。推荐施用专用配方肥、生物有机肥、有机无机复混肥等新型肥料。

b.肥料要求。

商品有机肥　质量应符合有机质含量（以干基计）≥30.0%，总养分（$N+P_2O_5+K_2O$）质量分数（以干基计）≥4.0%，水分≤30.0%，pH为5.5～8.5，粪大肠菌群数≤100个/克，蛔虫卵死亡率≥95%。

生物有机肥　质量应符合有效活菌数（cfu）≥0.20亿/克，有机质含量（以干基计）≥40.0%，水分≤30.0%，pH为

5.5～8.5，粪大肠菌群数≤100个/克，蛔虫卵死亡率≥95%，有效期≥6个月。

有机无机复混肥　质量应符合有机质含量（以干基计）为10%～20%，总养分（$N+P_2O_5+K_2O$）质量分数（以干基计）为15%～35%，水分为10%～12%，pH为5.0～8.5，粒度（1.00～4.75毫米或3.35～5.60毫米）≥70%，粪大肠菌群数≤100个/克，蛔虫卵死亡率≥95%。

②肥料用量。适宜的有机肥替代化肥比例为10%～20%，即3～5千克/亩，替代比例确定的原则为确保平产或增产。

（2）技术内容

①做底肥。可选用专用配方肥、生物有机肥和磷钾含量较高的有机无机复混肥，与化肥配合施用，施专用化肥商品量20千克/亩左右，有机肥商品量2.5～5千克/亩（出现大幅产量下降田块，考虑适当减少有机肥替代量），穗肥施46%尿素2千克/亩左右、50%硫酸钾3千克/亩左右。可采用撒施、穴施、沟施等方式集中施用，并及时覆土。

②做分蘖肥。可选用高氮型有机无机复混肥，施专用肥商品量15千克/亩左右，分蘖期施专用化肥商品量5千克/亩左右、有机肥商品量2.5～5千克/亩，穗肥施46%尿素2千克/亩左右、50%硫酸钾3千克/亩左右。

3.9.3　效益分析

有机肥替代部分化肥投入成本较常规肥增加约5元/亩。

有机肥替代部分化肥，平均增产18千克/亩，亩产以600

千克/亩计，稻谷价格以2.6元/千克计，增收46.8元/亩。随着连续替代年限的增加，增产效应会更加明显。

合计节本增效41.8元/亩。

部分有机替代合成肥料通过影响有机碳和无机氮之间的化学计量平衡，从而显著提高氮肥利用率，并调节一氧化二氮（N_2O）通量，替代的比例越大，调节作用越明显，在替代3～5千克/亩条件下，土壤N_2O累积排放量将减少16%～20%。同时可以有效提高土壤pH，防止土壤酸化。

3.9.4 注意事项

（1）选用符合标准的有机肥料，避免有机肥腐熟不完全造成的烧根、烂苗和病虫害。

（2）施用前需关注生产日期、施用量、施用方法等信息，在有效期内施用。

（3）避免在高温、干旱条件下施用，施用后避免阳光长时间直射。

（4）有机肥与无机肥混施时，确保肥料混拌均匀。

（5）避免与碱性肥料或杀菌剂等同时施用。

3.10 寒地水稻叶龄诊断技术

3.10.1 技术概述

寒地水稻叶龄诊断技术，是在水稻“器官同伸理论”与“叶龄模式理论”的基础上发展起来的水稻栽培技术，以叶龄诊断为重点，根据主茎叶龄的生育进程、长势长相、叶色，进行各生育阶段的水层、施肥、植保的调控，确保水稻安全抽穗、成熟、稳产高产。要求种植者对稻田进行诊断，并与标准对比，及时采用施肥、灌溉、植保等措施进行调控，从而使传统的种、管、收流程式栽培技术，发展成为按叶龄“诊断、预测、调控”技术于一体的栽培技术体系。

叶龄智能诊断突破了人工智能在农业领域应用的瓶颈，利用部署在田间的、可远程操控的六自由度伺服机构，可以将摄像机预置在最佳位置和最佳角度，定时定点采集水稻生长图像，然后由人工智能识别软件对水稻图像进行识别，判读出水稻的叶龄、分蘖数、株高、叶长、叶色等水稻生长性状的量化指标（图3-36)。其技术优势表现为：一是率先实现了大田原位、连续、无损、全周期水稻生长性状检测，降低田间调查工作量，让每个农户实时掌握水稻实际龄期。二是实现水稻叶龄智能诊断，获得了水稻生长性状数据，这些数据与生长环境、农事活动、农时、生产资料、人工、产量、品质、病虫害等一起构成了水稻生长大数据，利用这些数据可以深入研究水稻性状与环境因素、水稻产量和品质之间的关联，在未来，更可以进一步建立水稻生长数字模型。三是叶龄智能诊断技术奠定了寒地水稻生产智能管控的“农业大脑”基础，形成了构建水稻长势量化指标的核心。推动了寒地水稻智能灌溉应用、寒地水稻生产智能管控应用，以及寒地水稻生产全程智能化的发展进程。

图3-36　叶龄智能监测设备

3.10.2　实施方法

叶龄诊断标准及调控措施（以建三江地区主栽品种为例）

（1）水稻4叶期

诊断标准：移栽后，当晴天中午有50%植株心叶展开或植株发出新根，即达到返青的标准。4叶的最晚定型日期为6月5日。叶片定型长11厘米左右，株高17厘米左右。每2～3穴长出1个分蘖，即达到茎数标准。

调控措施：返青期的管理要使刚插到地里的幼苗不至于过分失水，维持幼苗体内水分平衡，以水保温，促进根系早生快发，加快返青。此期应保持一定的水层，为水稻创造一个稳定温度条件。插后及时浇上护苗水，最深不能淹没叶心。

（2）水稻5叶期

诊断标准：最晚出叶日期为6月10日（5月25日前移栽），叶片长16厘米左右。5叶龄每穴长出2个分蘖达到茎数的标准。

调控措施：重点进行除草药剂和病虫害防治工作。

（3）水稻6叶期

诊断标准：最晚出叶日期为6月15日，叶片长21厘米左右，6叶龄达到计划茎数的50%～60%，此时每株应达到2个以上分蘖标准。

调控措施：此时必须完成分蘖肥施用，水层管理采取间歇灌溉，即灌3～5厘米水层自然落干、反复进行。在病虫害防治方面，应重点做好潜叶蝇预防。

（4）水稻7叶期

诊断标准：最晚出叶日期为6月20日，叶片长26厘米左右，7叶期达到计划茎数的80%。此期为有效分蘖临界叶位和剑叶分化期。

调控措施：田间茎数不足的，应施用调节肥，保证穗粒数，以攻大穗来弥补穗数不足。同时做到严格控制施肥量，氮肥过量致使水稻无效分蘖增多、植株基部节间伸长，增加倒伏概率，且易感染病虫害。灌溉方式仍继续采取间歇灌溉。

（5）水稻8叶期

诊断标准：最晚出叶日期为6月25日，7.5叶龄后达到计划茎数，叶长30厘米左右，此时水稻从营养生长转入生殖生长，并开始幼穗分化。此时是单位面积穗数的巩固时期，也是每穗枝梗数的决定时期。

调控措施：晒田控蘖，晒田3～5天，达到地表面微裂再覆水，以此控制无效分蘖。如果前期生长量较大、分蘖较多，可提前开始晒田。病虫草害防治应重点做好阔叶杂草和莎草科等杂草防除，以及纹枯病、细菌性褐斑病、稻瘟病的预防工作。

（6）水稻9叶期

诊断标准：最晚出叶日期为7月2日，叶长36厘米左右。

调控措施：此时是增施穗肥最佳时期，施肥时做到“三看”：一是观察田间是否出现拔节黄；二是看底叶有无枯萎；三是看有无病害。如果未褪淡、底叶有枯萎或有病害则要晚施，并采取晒田壮根或施药防病后再施穗肥，避免感病和贪青晚熟。水层管理仍为间歇灌溉，田间池埂必须设立3厘米左右高的限水口。同时，做好虫害预防。

（7）水稻10叶期

诊断标准：最晚出叶期日期为7月9日，11叶品种叶长31厘米，茎数达到最高分蘖期，无效分蘖开始死亡，此期进入拔节期，基部第一节间开始拔长，株高迅速增长。

调控措施：水层管理间歇灌溉。病虫害诊断是否有叶瘟、胡麻叶斑病、细菌性褐斑病发生。

（8）水稻剑叶期

诊断标准：11叶品种7月15—16日叶龄达11叶，进入孕穗期，7月25日左右达到齐穗期。叶长25厘米左右。叶耳间距－5～5厘米为花粉母细胞减数分裂的小孢子形成初期，这时是抽穗前14～18天，是影响寒地水稻花粉发育的低温最敏感期。

调控措施：剑叶露尖为寒地水稻封行适期。剑叶抽出后关注后四片叶的健康成长，养根保叶，保证结实期光合产物的形成和积累。做好减数分裂期的低温冷害预防和病害预防，重点诊断是否有稻瘟病、纹枯病、秆腐菌核病发生。

3.10.3 注意事项

（1）叶龄诊断应加强培训力度

室内培训与田间培训相结合，冬季理论培训、夏季田间定标和秋季产量比武相结合。

（2）加强叶龄跟踪点建设

每个管理区至少设立两处标准叶龄调查点，以指导农场的水稻生产。

（3）加强宣传力度

通过各种途径进行宣传，如通过广播电视、发放技术材料图册等，让种植户采用水稻叶龄诊断技术，为水稻丰收打好基础。

3.11 绿色农药替代技术

3.11.1 技术概述

绿色农药替代技术是综合运用病虫害监测预警系统、农业防控、生物防控、物理防控、化学防控等技术，实现农业生产中病虫害的有效防治，同时减少对环境、生态的危害和人类健康负面影响的系列绿色防控技术。为全面贯彻绿色发展理念，持续深化农业供给侧结构性改革，贯彻落实集团

“三大一航母”战略，切实有序推进绿色农药替代技术，有效提高绿色发展水平，保障农产品质量安全、粮食生产安全和生态环境安全，助力不断提升集团农业可持续发展能力和绿色北大荒农业品牌影响力。建三江分公司以“科学植保、公共植保、绿色植保”理念为宗旨，扎实推进绿色农药替代传统化学农药，加大航化统防统治与绿色防控融合力度，大力推进生物、化学合成类等绿色农药防控技术，有效减少传统化学农药的使用，实现农业绿色、可持续发展，让维护国家粮食安全的“压舱石”更加稳固。

3.11.2 实施方法

(1) 坚持“六个结合”

一是坚持与田间试验相结合，以科技园区为载体开展绿色药剂田间试验研究，形成“123”推广模式，即第一年试验筛选、第二年示范验证、第三年推广应用，宣传、培训、引导种植户应用。

二是坚持与创建国家绿色食品原料标准化生产基地相结合，以绿色食品农药使用准则为依据，采取专业化绿色防控措施，积极推广生物农药，可选择苏云金杆菌、枯草芽孢杆菌、阿维菌素等生物制剂防病治虫。实际应用效果表明，苏云金杆菌对于常见的稻纵卷叶螟、二化螟有良好杀灭效果，枯草芽孢杆菌对于预防稻瘟病有良好效果。

三是坚持与高端有机农产品生产相结合，禁止使用人工合成的传统化学农药。

四是坚持与提高防病效果相结合，建立病虫害监测预警体系，以管理区为单位，配合周边市县建立省级病虫害监测点180个，每个监测点配备专业植保员，根据检测工作需要配备必要的检测设备。推广精准施药、助剂＋绿色农药应用技术，全方位提高药剂防效。

五是坚持与统防统治相结合，针对不同病害、不同作物，在航化统防统治健身防病作业中积极选用绿色农药。条件允许时，推广“稻鸭/鱼/蟹/虾共育”技术。

六是坚持与集团战略相结合，纳入分公司重点督导工作任务，明确指标与完成时限。

（2）创新服务方式

通过手机APP、微信等多种方式渠道，将绿色农药目录和农药的含量比例、使用方法、注意事项等详细信息推送给种植户，方便种植户了解。同时农业技术人员对绿色农药应用情况进行全程跟踪，收集数据资料进行分析比对，为绿色农药推广应用提供实践依据及数据支撑。创新发挥区域农服主观能动性，以提供专业化的服务为核心，打通绿色农药集团化运营服务“最后一公里”。

3.11.3 推广意义

病虫害绿色防控是农业绿色发展的重要内容，事关农产品质量安全、农业生态环境安全

和国家粮食安全。近年来，随着《国家质量兴农战略规划（2018—2022年）》《“十四五”全国农业绿色发展规划》

《到2025年化学农药减量化行动方案》等系列文件规划出台，加速了水稻病虫害绿色防控发展，建三江分局要着力提高绿色防控意识，加速绿色防控技术的验证、示范、评价，加强绿色防控技术集成，不断扩大绿色防控覆盖率，不断激发推广应用的动能，积极营造水稻绿色防控的良好氛围，全力提升我国水稻产业的质量和效益。

3.12 水稻分段收获技术

3.12.1 技术概述

秋季水稻成熟后，利用割晒机械将水稻割倒在田间进行晾晒，让水稻在田间脱水晒干，待谷粒含水量达标后，通过收获机配套拾禾装置进行拾禾作业。

水稻分段收获作业是秋季水稻收获抗灾保丰收、提产保效益、降损保品质的重要手段。

一是提早收获时间。收获期平均提早15～20天，有效解决霜期滞后造成的收获期延后问题，降低雪灾和倒伏风险，并减轻直收期间机车作业压力，降低后期收获风险。

二是降低收获损失。可有效避免大风、倒伏、雨雪等不利条件造成的危害，降低收获风险，减少落粒损失。生产中按照后期直收作业每穗落粒2～3粒计算“落镰”，综合损失率高达3.5%～5.2%；东北平原、长江流域和东南沿海的水稻联合收获损失率为3.02%、3.17%和4.12%。减损的情景模拟表明，当全国水稻收获环节的损失率下降到2.76%（根据农业农村部《水稻机械化生产技术指导意见》测算），可节约稻谷54万吨，可供439万人消费1年，相当于节约耕地7.84万公顷，化肥2.61万吨（折纯）。分段收获综合损失率可控制在2%以下。

三是增加综合效益。分段收获后稻米早上市，销售价格好，稻米品质高，减少精纹粒。分段收获的水稻拾禾后水分适宜，减少直收稻谷晾晒人工及铺垫、苫盖等物料成本。

四是提效率抢农时。割晒后的稻茬在15～18厘米，稻田充分裸露，田中水分蒸发快，为整地作业创造良好条件，提高季节性农机具工作效率，为秋整地、本田标准化改造等生产活动赢得时间。

五是水稻降水快、缓解晒场压力。分段收获铺上晾晒3～5天，水分即可降至15%左右，且拾禾的稻谷能够在田间、地头、晒场进行大堆集放，避免占场晾晒，减少晒场压力和用工，避免与旱田作物争占晒场。

六是不受品种限制。糯稻、黑稻，长粒、圆粒等不同类型的水稻均可进行分段收获作业。

3.12.2 实施方法

（1）农技要求

①标准化格田改造。扩大格田，减少垄埂地界，以利于割晒拾禾机械作业，提高作业效率。

②规范插秧。插秧方向要与割晒方向成90°角，即横插竖割，以保证割后铺型规范，保持鱼鳞状平铺在割茬上，不

塌铺，利于通风晾晒。

③田间管理要求。倒伏水稻不易于割晒机作业，故要求选用抗倒伏品种，少施氮肥，多施钾肥和有机肥，提前排净稻田水，使地面坚实不陷车，机车能够正常作业。

④割前准备。割晒机进地前应先检修好机械，确保零件备用齐全，保证同一批次交售的稻谷在2天内完成割晒，使水稻含水量基本一致。

以半喂入或小型收获机械圈边打道，地边宽度不小于12米，割茬高度15～18厘米。

⑤割晒时间。水稻黄化完熟率达到95%以上后进行割晒作业，一般年份在9月10日前后开始割晒，作业时间12～15天，9月25日左右结束。对所要作业的地块进行调查，地块干湿度要以人站立田面时下陷深度在2厘米以内为宜。

⑥割茬高度。割茬高度应保持在30～35厘米，若割茬高度低于30厘米，地面潮气大且通风不畅，水稻不易晒干，如遇阴雨天还可导致稻穗接地发霉，影响产量和大米品质。

⑦放铺要求。水稻长势和品种不同，植株高度也不一致。稻株矮、密度稀的稻田，可选用带割晒台的收割机收割，放铺一般在12厘米左右；稻株高、密度大的稻田，放铺需薄而窄，可选用前轮加接盘，轮距加宽的大马力改装割晒机收获，并适当提高割茬，减少割晒中稻谷被大马力机车改装割晒机前轮碾压稻谷造成的浪费，保证收获质量。

⑧横头处理。由于在插秧作业时，采用横插竖割的作业

方式，边行一般都是垂直于割晒行的，所以割晒机作业时边行的水稻会落入行中，横头应先全部割倒后挑起放在割茬上，以便于晾晒和捡拾。

⑨割晒分段收割后的水分检测。及时掌握和发布气象预报，根据气象信息和稻谷水分，确定拾禾时间。由于割晒是将水稻割倒铺放在割茬上晾晒，刚收获的水稻水分一般为25%左右，要求技术人员根据割晒后天气，每天携带稻谷水分测定仪及时、多点、全面抽样检测水分，在取样时要尽可能地减少影响测量水分的杂质，确保检测准确。日平均气温保持在15℃以上，一般晾晒3～5天，稻谷水分达到15.5%以内，即可拾禾脱谷（图3-37）。

图3-37　水稻分段收获作业

（2）农机要求

割晒、拾禾机械整机零部件齐全完好，螺栓紧固可靠，割刀运动自如，无卡滞，传动各部间隙正确，转动灵活平稳、可靠。

合理配备割晒、拾禾机械，确保割晒的水稻在最佳时期进行拾禾。合理规划割晒和拾禾进度，割晒、拾禾同步推进，确保作业面积和质量，保证收拾结合到位。

作业前对接好作业车组、作业地块、割晒时间、拾禾时间，确保各环节衔接到位，最大限度提高机械作业效率。

农机驾驶操作人员严格按照操作规程操作，严禁违规作业。

3.12.3 效益分析

常规收获损失率以东北地区平均收获损失率3.02%计，而分段收获综合损失率可控制在2%以下（以2%计），水稻平均产量按照600千克/亩计算，可减少水稻收获损失6千克/亩以上，稻谷价格以2.6元/千克计算，可减少损失15.6元/亩。分段收获减少晾晒人工及铺垫、苫盖等物料成本，按照300亩投入物料及保管成本2 000元测算，节约成本6.7元/亩。分段收获后稻米早上市，销售价格好，稻米品质高，精纹粒少。按照销售价格增加0.02～0.04元/千克计算，可提高收益12～24元/亩；合计节本增效34.3～46.3元/亩。北大荒农垦集团有限公司建三江分公司每年推广分段收获技术超过350万亩，节本增效超过1.2亿元。

3.12.4 注意事项

（1）调整土地，扩大格田

机械收获田埂处丢穗损失较大。目前条田长宽比例差异较大，有些地块窄而长，采用横插竖割的方式插秧和收获，不仅横头较多，而且增加劳动成本。适当调整土地，对窄而长的地块与相邻地块合并划埂分配，冬翻后使用卫星平地机平整，扩田减埂，以利于割晒拾禾机械作业。

（2）严选机型，提高效率

通常割晒台和捡拾台不会安装在同一台机械上，轮换安装操作烦琐、效率低下，高峰期时无法满足拾禾作业要求。鼓励已有大马力机车和联合收割机的职工购买分段收获机械。一般大马力改装反向操作系统，安装割晒台割倒放铺，联合收割机安装拾禾台捡拾，条件不允许的可与其他农机户协作来完成割晒和捡拾。

（3）合理区划，横插竖割

水稻插秧时，对水田进行合理区划，确定割晒方向，做到横插竖割，保证水稻割晒时的放铺质量。

（4）平整池埂，保证质量

割晒作业时，沿割晒方向的池埂需要平整，以保证机械作业的通过性，提高机车的作业速度和质量。

（5）注重天气，安全拾禾

水稻割晒3～5天、水分降到15.5%以内即可进行机械拾禾作业。根据未来3～5天的天气趋势，决定割晒作业数量，保证割晒后的水稻安全拾禾。

（6）适时早动，力争主动

水稻活秆成熟后，应根据天时、地况适时割晒。过早割晒不仅能耗大，而且影响水稻的产量和品质。分段收获有利于农户在入冬前完成秋整地、秋摆盘和格田改造等工作。

3.13 水稻秸秆全量还田技术

3.13.1 技术概述

水稻秸秆全量还田技术采用安装有秸秆粉碎长度5～10厘米抛撒装置的全喂入或者半喂入收割机进行收获，一次性完成秸秆粉碎、均匀抛撒、低留割茬的秸秆还田技术。一般还田茎秆总重量500～600千克/亩，均匀抛撒，不聚集。针对黑土区稻田土壤有机质低、土壤酸化、土壤板结和容重增加，秸秆还田后秸秆腐解导致水稻根部胁迫（移栽后死苗、抑制分蘖、叶片黄化）、抽穗期延迟、重还田、轻管理等问题，2019—2023年在大兴农场、创业农场、二道河农场、前哨农场开展秸秆全量还田长期定位研究，通过秸秆全量还田配施氮肥、秸秆促腐剂、石灰粉及水分管理综合配套技术，利用碳氮调节助力秸秆降解，加速微生物分解效率；生物促进秸秆腐解；改良土壤环境；提高土壤通透性、增加根部的氧气供给，以缓解因秸秆分解而导致的逆境，实施“有氧栽培”。

近年来，黑龙江探索形成以秸秆翻埋还田、秸秆粉碎还田等为主的黑土地保护“龙江模式”和以水稻秸秆翻埋、旋耕和原茬打浆还田为主的“三江模式”，这两种模式被列为全国黑土地保护主推技术模式。秸秆全量还田技术优势表现为4个方面：

（1）改善土壤理化性质，提高土壤氮、磷、钾养分在耕层中的积累，培肥地力，进而提高产量

经过多点分析，与处理1相比，处理4的土壤全氮、全磷、全钾最高分别为1.97克/千克、0.82克/千克、6.00克/千克，分别提高了1.55%、1.23%、17.65%（表3-20）。

表3-20　土壤全氮、全磷、全钾的比较

处理	全氮（克/千克）	全磷（克/千克）	全钾（克/千克）
1	1.94ab	0.81a	5.10d
2	1.94ab	0.81a	5.60b
3	1.87c	0.77a	5.10d
4	1.97ab	0.82a	6.00a
5	1.86c	0.78a	5.30cd

注：处理1秸秆离田；处理2秸秆全量还田；处理3秸秆全量还田＋尿素；处理4秸秆全量还田＋尿素＋促腐剂；处理5秸秆全量还田＋尿素＋促腐剂＋石灰粉，下同。

同一列不同字母表示差异显著（$P < 0.05$）。

经过多点分析，2020年平均理论产量以处理1最高，为600.5千克/亩；2021年以处理4最高，为681.4千克/亩，较处理1平均理论产量提高9.29%。2020年平均实测产量以处理4最高，为541.4千克/亩，较处理1平均实测产量提高4.86%；

2021年平均实测产量以处理5最高，为604.0千克/亩，较处理1平均实测产量提高5.59%。2021年处理间理论产量、实测产量均高于2020年（图3-38和图3-39）。

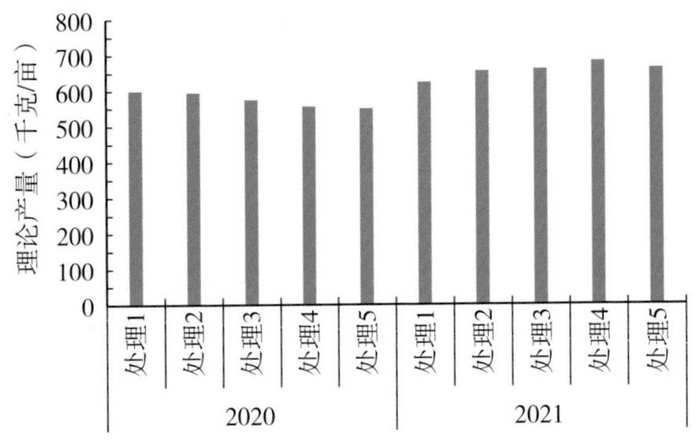

图3-38　2020和2021年理论产量的比较

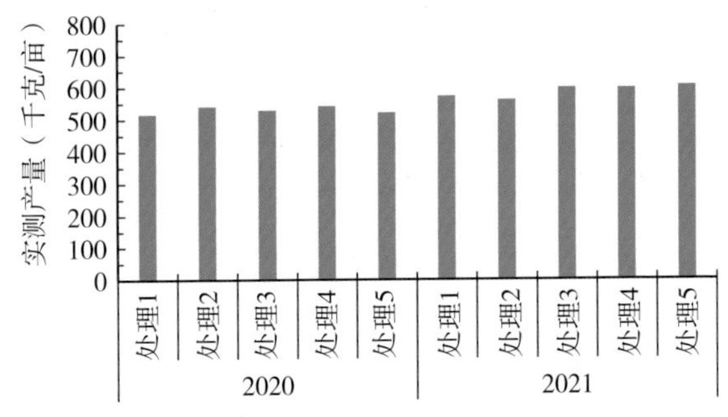

图3-39　2020和2021年实测产量的比较

经过多点分析，与处理1相比，2022和2023年平均理论产量以处理3的最高为672.1千克/亩和716.7千克/亩，分别提高了9.52%、7.42%。与处理1相比，2022和2023年平均实测产量以处理5的最高为570.0千克/亩和643.0千克/亩，分别提高了3.07%、5.72%。2023年实测产量各处理间均高于2022年（图3-40和图3-41）。

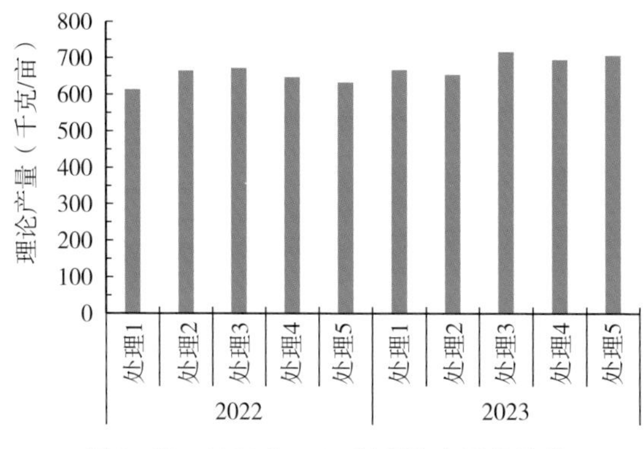

图3-40　2022和2023年理论产量的比较

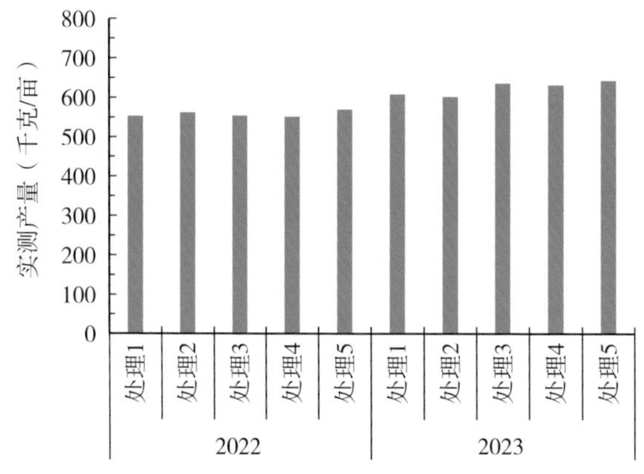

图3-41　2022和2023年实测产量的比较

2021年食味值略高于2020年。与处理1相比，2020和2021年处理2食味值最高，分别为79.0分和81.7分，分别提高了3.2分、2.3分。2022年食味值处理1最高，为83.4分；与处理1相比，2023年处理2食味值最高，为79.3分，提高了0.6

分。2022年食味值略高于2023年（图3-42和图3-43）。

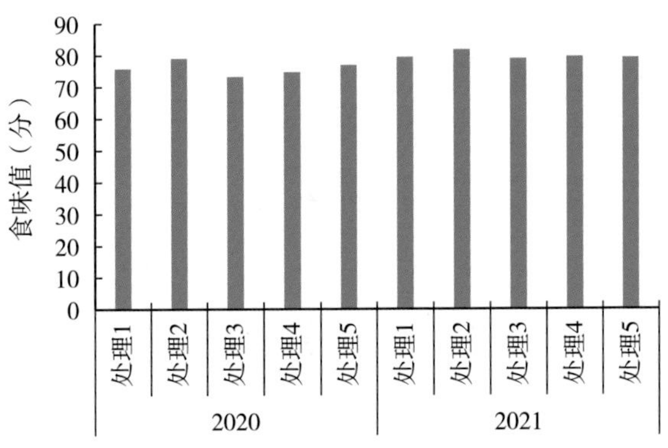

图3-42　2020和2021年食味值的比较

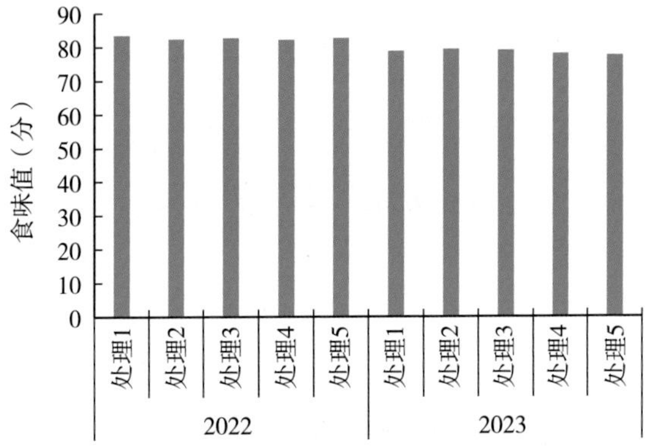

图3-43　2022和2023年食味值的比较

（2）有效改善土壤团粒结构，增加土壤有效孔隙度，增加土壤通气、透水性，促进秸秆腐解

随着秸秆还田年限的增加，秸秆表观腐解率呈现增加的趋势，其中以处理4和处理5的三年表观腐解率最高分别为79.91%、79.33%，较处理2分别提高了2.90%、2.15%（表3-21）。

表3-21　秸秆表观腐解率的比较

处理	一年表观腐解率（%）	二年表观腐解率（%）	三年表观腐解率（%）
1	65.77	70.22	76.96
2	67.02	72.64	77.66
3	63.59	68.22	73.08
4	62.86	71.84	79.91
5	65.30	70.78	79.33

（3）提升土壤有机质含量、pH、土壤微量元素含量

与处理2相比，处理5的pH最高为5.92，提高了2.78%，施用石灰粉能够改善秸秆还田土壤环境，减轻土壤酸化程度。与处理1相比，处理2能够提高土壤有效锌、有效硼、有效硅、交换性钙、交换性镁含量；施用促腐剂和石灰粉显著提高土壤交换性钙含量，分别提高了8.15%、10.33%（表3-22和表3-23）。

表3-22　土壤有机质和pH含量的比较

处理	有机质（克/千克）	pH
1	40.60a	5.87bc
2	38.32abc	5.76d
3	37.36c	5.86bcd
4	40.34ab	5.79cd
5	36.89c	5.92ab

注：同一列不同字母表示差异显著（$P < 0.05$）。

表3-23　土壤微量元素含量的比较

处理	有效锌（毫克/千克）	有效硼（毫克/千克）	有效硅（毫克/千克）	交换性钙（厘摩尔/千克）	交换性镁（厘摩尔/千克）
1	0.40a	0.08a	142.22ab	17.43b	31.83ab
2	0.67a	0.17a	142.33ab	18.23ab	32.73a
3	0.41a	0.12a	139.14ab	17.28b	30.33b
4	0.59a	0.13a	151.22a	18.85a	30.26b
5	0.50a	0.08a	131.81b	19.23a	31.87ab

注：同一列不同字母表示差异显著（$P < 0.05$）。

建三江分公司水稻种植面积995.96万亩，秸秆总量558.3万吨，秸秆还田率97.4%，秸秆离田率2.6%。

3.13.2　实施方法

（1）水稻秸秆高留茬直接搅浆作业

水稻机械收获→秸秆粉碎抛撒→泡田→埋茬搅浆平地→机械插秧。

选用70马力[①]以上四轮驱动拖拉机或履带式拖拉机，收割时全喂入收获机配备秸秆粉碎抛洒器，半喂入收获机配切草器，排出碎秆分布均匀、不积堆，留茬高度25～30厘米，春季放水泡田，水深没过土壤表层3～5厘米，泡田时间要达到3～5天，采用搅浆机进行搅浆平地作业，作业时水深控制在1～3厘米为宜，作业结束后表面不外露残茬，沉淀3～5天，

① 马力为非法定计量单位，1马力≈0.735千瓦。

达到待插状态。

（2）水稻秸秆抛撒直接搅浆作业

水稻机械收获→秸秆粉碎抛撒→泡田→埋茬搅浆平地→机械插秧。

选用55～90马力四轮驱动拖拉机或履带拖拉机，秋季机械收获的同时将秸秆粉碎并均匀抛撒于地表，地表秸秆无堆积，根茬高度10～15厘米的地块，春季可选择该技术方法。直接放水泡田，泡田5～7天；搅浆深度12～15厘米，搅浆作业1～2遍，作业水深保持在1～3厘米的“花达水”状态；将秸秆埋入泥中12～15厘米，无漂浮；根据水层适当补水，水层保持在2～3厘米，沉淀5～7天，达到待插状态（图3-44至图3-47）。

图3-44　水稻秸秆还田浅旋12～15厘米

图3-45　水稻秸秆抛撒还田

图3-46　水稻秸秆深翻还田

图3-47　浅水搅浆及压茬

（3）水稻秸秆抛撒翻/旋耕搅浆作业

水稻机械收获→秸秆粉碎还田→机械翻埋/旋耕→泡田搅浆→机械插秧。

选用55～90马力以上四轮驱动拖拉机或履带式拖拉机，秋季机械收获后地表秸秆抛洒均匀分布无堆积，根茬高度10～15厘米的地块。翻耕/旋耕作业可在秋季也可在春季进行，翻深20～22厘米，旋深16～18厘米，翻地要做到扣垡严密、深浅一致、不重不露、不留生格；泡田水深以没过土壤表层1～2厘米为宜；搅浆埋茬作业水深控制在1～3厘米的“花达水”状态，搅浆作业1～2遍，将秸秆压入泥中无漂浮；根据水层适当补水，水层保持在2～3厘米，沉淀5～7天，达到待插状态。

（4）侧深施肥及插秧

一般插秧规格为30×（10～12）厘米，27～33穴/米^2，7～9株/穴，基本苗数189～297株/米^2。机械插秧时同步施入中化缓控复合肥（21∶15∶16）等侧深施肥专用肥（基蘖同施）20～25千克/亩（地力条件好的地块施20～23千克/

亩，地力条件差的地块施23～25千克/亩），将肥料施在稻苗根侧3厘米、深5厘米处，穗肥施尿素2千克/亩（或调节肥1千克，穗肥1千克）、50%硫酸钾3千克/亩。秸秆还田要适量增施氮肥，一般增施尿素2～3千克/亩，以满足微生物分解秸秆过程中吸收土壤速效氮的需求。

（5）田间管理

插秧灌扶苗水后，开始施用“功倍＋土根本”秸秆促腐剂，水层3～5厘米，保水5～7天，不排水，功倍用量60克/亩，土根本用量1～2升/亩，人工或无人机喷施。

养分管理按照水稻生育叶龄进程，根据肥效反应线（水稻在N叶期施肥，肥效反应在$N+1$叶较少，$N+2$叶较多的水稻需肥规律）的原理科学施肥，确保促进水稻生长发育。以尿素、磷酸二铵、硫酸钾（氯化钾）为主，与有机肥和镁、锌等中微量元素肥配施。按产量650千克/亩计算，建议施肥商品量35千克/亩，其中46%尿素14千克/亩、64%磷酸二铵7千克/亩、50%硫酸钾14千克/亩。

水分管理上应采用“干湿交替、浅水勤灌”的方法。每次灌水深3～5厘米，待水分自然消耗后，田面呈一定湿润状态（地表无水，脚窝尚有浅水）再灌下一次水。两次灌水的间隔时间根据稻田的保水性能、土壤肥力水平、稻苗的生育状况及降雨量而定，以稻田表层土壤含水率为田间持水量的80%作为间隔期下限，分蘖末期下限可适当降低。适时晒田，因地制宜，适时、适度，关键在“三看”：①看苗情晾田；

②看土质晾田；③看天气晾田。改善土壤通气性，防止秸秆腐解释放出的有害气体积累过多。

插秧后2～3天进行水分管理，水稻插秧后要根据温度情况及时上护苗水。

返青后的水层管理，避免秸秆长期浸泡在水下，随着秸秆的矿化，在释放养分的同时，还要产生有机酸、甲烷、硫化氢等物质，这些物质如果积累太多就会对水稻根系产生毒害作用。浅水勤灌，干干湿湿，以通气增氧，排除毒素，促进根系生长，促进分蘖。

生长期的水分管理，适时排水晒田，改良土壤环境，控制无效分蘖，提高分蘖成穗率，增强抗逆能力。生长后期间歇灌溉。

秸秆全量还田的地块后期应加强病虫害防治，在秸秆直接粉碎过程中无法杀死病虫害，还田后留在土壤里，病虫害直接发生或者越冬来年发生，水稻病虫害将呈偏重至大发生态势，稻飞虱、螟虫、稻瘟病、纹枯病、稻曲病等病害要做好防治工作（图3-48）。

图3-48　秸秆全量还田田间长势

3.13.3 效益分析

水稻秸秆全量还田比不还田增加作业成本15～25元/亩。秸秆还田在分解、腐烂时需消耗大量的氮，需要补充氮肥使化肥成本增加。秸秆全量还田在肥料的使用上要比秸秆离田增施3千克/亩尿素（2.25元/千克），每亩增加6.75元。促腐剂20元/亩，石灰粉80元/亩，人工移除秸秆100元/天，平均增效8.3～18.3元/亩。该技术能够实现培肥、增产、提质的统一，生态环境效益显著（表3-24）。

3.13.4 注意事项

（1）秸秆粉碎还田时要抛撒均匀，避免秸秆成堆，泡田整地后出现稻茬漂浮。

（2）水分管理上应采取“干湿交替、浅水勤灌”的方法，并适时搁田，改善土壤通气性。避免秸秆还田后，在腐解过程中会产生许多有机酸，在水田中易累积，浓度大时会造成危害。

（3）春季采用浅水搅浆，不搅动秸秆层，避免秸秆上浮。减少搅浆次数，避免浆层过厚，车辙过多，破坏耕层结构。创建通透性好、利于水稻生长的耕层结构。

（4）病虫害预防，病、虫害较重地块秸秆还田后需加强防治措施，避免危害损失。

（5）补充氮肥，秸秆腐烂过程中需要消耗一定量的氮素，基肥适当增施氮肥用量，加速秸秆腐烂，避免出现秧苗返青与秸秆腐解争氮现象。

表3-24　经济效益分析

处理	增施尿素（千克/亩）	尿素价格（元/千克）	促腐剂（元/亩）	石灰粉（元/亩）	人工移除秸秆（元/天）	增加成本（元/亩）	实测产量（千克/亩）	实测增产（千克/亩）	稻谷价格（元/千克）	产量效益（元/亩）	增效（元/亩）
1		—		—	100	100	608.22	—	3.00	—	—
2	—	—	—	—	—	—	602.45	−5.77	3.00	−17.3	−17.3
3	3.00	2.25	—	—	—	6.75	639.78	31.56	3.00	94.7	87.9
4	3.00	2.25	20.00	—	—	26.75	632.15	23.93	3.00	71.8	45.0
5	3.00	2.25	20.00	80	—	86.75	643.04	34.82	3.00	104.5	17.75

3.14 寒地水稻垄作双深保护性耕作技术

3.14.1 技术概述

传统稻田耕作方式的总体技术框架是相同的，即要经过秋翻—旋耕或耙耕—春泡田—水整地搅浆平地—基肥全层施入0～10厘米耕层—封闭除草—平作均行机械插秧。其典型特点：①秋翻—连年水整地搅浆平地；②基肥全层施入耕层0～10厘米；③全部为平作均行机插；④作业环节较多。其主要作用是加深耕层、疏松耕层、平整土地，翻埋残茬，防止过量漏水，混合肥料，起浆固苗等，尤其是搅浆平地在防止稻田过量渗漏和减少捞稻茬方面起到了重要作用。但也存在诸多问题：高速打浆导致土壤结构破坏、土壤致密通透性差；水整地搅浆平地导致沉降时间很长，造成水资源浪费和农时紧张；全层施肥肥料利用率低；部分根茬漂浮，捞稻茬耗时费工，且不利于培肥地力；平作机插易托泥，造成漂苗、倒苗；平作常有水层，纹枯病逐年加重；整个生产过程作业环节多，成本高。

"垄作双深"保护性耕作技术是旱整地、旱起垄、垄体分层条状集中施肥、免除水整地、泡田后机械行机械插秧、移栽后湿润管理的耕作栽培新模式。整体技术框架为：水田秋翻、秋旋或春旋—秋季或春季旱整平—旱起垄同时双侧双深分类施肥（浅层速效肥、深层缓效肥）—泡田—封闭除草—垄上机插双行。该模式免除高速打浆机搅浆平地作业环节，旱平地、泡田后直接插秧，或旱平地、起垄后泡田、垄上双行插秧，能够有效保持、恢复土壤肥力；改全层施肥为集中深施肥，改基肥和分蘖肥分别施用为二者合并作为基肥施用，减少作业次数，提高肥料利用率；改淹水灌溉为浸润灌溉或间歇灌溉，促进有毒有害气体排出，减少根系毒害。

其优势体现在如下几个方面：

（1）利于恢复和保护土壤结构

旱整地、旱起垄直接泡田，免除了水整地搅浆平地对土壤结构的破坏，利于保护和恢复土壤团粒结构。耕层0～5厘米、5～10厘米、10～15厘米容重分别降低11.7%～11.0%、9.0%～9.5%和5.2%～15.3%，孔隙度提高11.3%～8.1%、8.8%～7.6%和5.5%～14.4%，0～10厘米总团聚体增加2.8%，10～20厘米总团聚体增加9.6%。

（2）利于提高肥料利用率和保护生态环境

可实现旱起垄同时分层分类条带施肥，解决了全层施肥肥料利用率低的问题，且在寒地可以更合理地利用缓效肥，提高肥料利用率、也利于保护生态环境。氮肥农学利用率和偏生产力分别提高20.86%和6.97%。

（3）省工省力节本、同时培肥土壤

垄作可免水整地搅浆平地、可节约泡田用水、降低施肥量、免捞稻茬等，不但减少了作业次数、降低了成本，也培肥了土壤。氮肥的农学利用率提高15.8%～22.8%，节约泡田用水45米^3/亩以上。

（4）利于提高地温

垄作6月上旬至9月上旬距地表5、10、15厘米位置旬平均温度分别升高2.35、0.58、1.12℃。

（5）抗病虫能力增强

据调查，减少因田间湿度过大而引起的植株疾病发生，明显降低稻瘟病、纹枯病、螟虫危害率。

（6）缓解农时

秋整地、秋起垄同时施基肥，加之不搅浆、不单独施基肥、不捞稻茬、缩短泡田时间等，减少了作业次数，许多春活秋做，可大大缓解春季农时紧张的局面。

（7）不漂苗倒苗

由于垄的作用，水不起浪、插秧时不托泥，机插顺利，无漂苗倒苗的现象，可确保全苗。

（8）增产

经多年多点试验，增产幅度为5.40%～9.86%。

因此，采用这一耕作栽培新模式可实现保持和恢复土壤结构、培肥地力、提高肥料利用率、节本高效、改良水稻生育环境尤其是根部环境、缓解农时、保护生态环境等目标，利于农业的可持续发展。它符合国家农业“两减一控”（减肥减药控水）的发展方向、符合企业优质的需要、符合农民高效的需求，具有极为广阔的推广应用前景。

3.14.2 实施方法

（1）秸秆粉碎及抛撒（与秸秆还田一致）

上季水稻由加装切碎装置的联合收割机收割，将切碎的秸秆均匀抛撒于水稻田表面。作业要求平均留茬高度≤15厘米，秸秆切碎长度应≤10厘米，秸秆切碎合格率≥90%，抛撒不均匀率≤20%。

（2）秸秆翻埋

地表以下30厘米内土壤含水率≤25%。耕层土壤冻层厚度≥5厘米时不宜深翻作业。耕深22～25厘米，扣垡严密，秸秆埋覆率≥80%，耕深稳定性≥85%，耕后地表平整度≤30毫米，单个田角余量≤1米^2。

（3）浅旋碎土

地表以下20厘米以内土壤含水率30%～80%。耕层土壤冻层厚度≥2厘米时不宜深旋作业。旋耕深度16～18厘米，壤土碎土率≥60%，沙土碎土率≥80%，黏土碎土率≥50%，地表秸秆残留量≤30%，耕深稳定性≥85%，田面无漏耕。

（4）旱平地

采用卫星平地机进行旱平地，若秋季雨水多则可在春季进行旋耕和旱整平。

（5）旱起垄同时分层分类施肥

采用新型的“水田旱起垄双侧双深分类施肥机”进行起垄施肥。当土壤墒情适宜时进行秋起垄，同时施肥和镇压，要求垄底宽60厘米（宽窄行插秧机可以在50～60厘米），垄面宽40厘米（宽窄行插秧机可以在30～40厘米），镇压后垄高达到10厘米以上。旱起垄的同时将基肥和分蘖肥分层深施于垄中形成三条肥带，一深肥带位于垄正中央，将肥施入距垄面6～8厘米深处，最好选择含缓效氮的肥料，两条浅肥带分别位于深肥带两侧水平距离10.5～18厘米（根据插秧机类型确定），将肥施入距垄面2～3厘米深处，最好选择速效氮的肥料，这样将实现苗带双侧双深、速缓结合的立体施肥效果。以达到持续均衡供肥，施肥量可较常规施肥量减少5%～10%（图3-49至图3-51）。

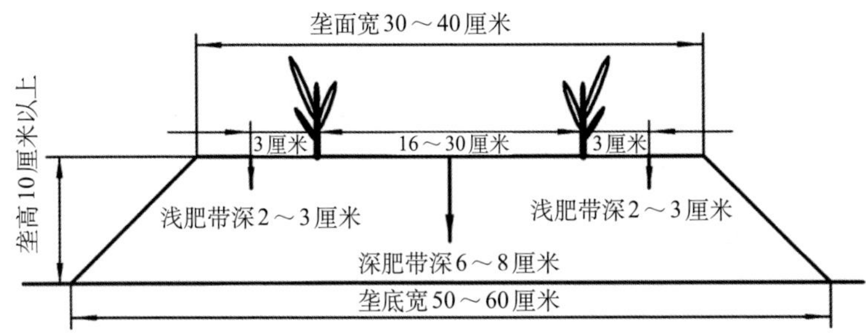

图3-49　水稻垄作双深栽培模式的垄形施肥布局

图3-50　旱起垄效果

图3-51　垄体结构接肥带

(6) 泡田封闭除草

无论秋起垄还是春起垄，约在插秧前10天进行泡田，水面要没过垄面，水渗漏后及时补充，待水位相对稳定后进行封闭除草。封闭除草的药剂选择同常规水稻生产，方法是在插秧前5～7天进行，采用毒土法、甩喷法（喷雾器须摘掉喷片）、无人机施药均可，施药后保持垄面有药水层5～7天。注意选择安全性好的除草剂，泡田后待水位稳定了再施药，以免造成药害。

(7) 垄上机插双行

采用常规高速插秧机或宽窄行插秧机进行垄上双行机械插秧，插秧机轮流行走在垄沟中。常规高速插秧机行间距30厘米，宽窄行插秧机垄上双行间距15～20厘米，最好选择宽窄行插秧机进行。移栽秧龄：机械插秧时插适龄秧，不缺龄不超龄，旱育中苗3.1～3.5叶，大苗4.1～4.5叶。插秧水深：插秧前一天把格田水层调整到垄沟有水、大多数垄台无水层即可插秧。移栽深度：机械插秧的深度是否合适对秧苗的返青、分蘖及保全苗影响极大。插秧深度0.5厘米时，虽然分蘖多但易倒苗；插秧深度3厘米以上，抑制秧苗返青和分蘖，尤其是低位节分蘖明显受抑制，高位节晚生分蘖增多，不利于早生快发，弱苗插深还会变成僵苗；适宜的插秧深度为2厘米左右，不出现倒苗现象，植株发根较多，生长健壮，分蘖力强。移栽密度：移栽密度总的原则是秧苗素质好、地力条件好的田块宜稀植，反之宜密植；积温条件好的宜稀插，积温条件差的宜密插；分蘖能力差的品种易密插，分蘖能力强的品种易稀插。要根据气候条件、土壤条件、秧苗素质、种植品种、栽培水平等来合理确定各生态区适宜的栽培密度，做到合理密植（图3-52）。

图3-52　插秧效果

（8）本田管理

①追肥除草防病。双侧双深施肥，基蘖同施，肥料利用率高，不必单独施用分蘖肥，调节肥占全氮量的10%左右，穗肥氮占总氮量的10%～20%，穗肥钾占总量的35%～45%。本田封闭除草时要注意水层没过垄台面，其他时期除草要求同常规生产。防病措施同常规生产。

②水分管理。寒地水稻的水分管理要注意以水调温，尤其是井水应采取晒水池增温、渠道增温等措施，晒水池的面积应为本田面积的2%～3%，利用散水槽、长渠道、隔墙式晒水池、叠水板、渠道覆膜、回水灌溉等综合增温措施，最好采用地上池，池内水深0.6米。入田的井水要达到水稻不同生育时期对水温的最低要求，6月份水稻分蘖期水温要达到15℃以上、7月份长穗期水温要达到17℃以上、减数分裂期水温要达到18℃以上、8月份结实期水温要达到20℃以上。

生育期间除了满足施肥和除草用药时的水层要求外，移栽后至分蘖末期水没垄台3～5厘米，其他时期基本是垄沟灌水，垄台无水保持湿润即可，以垄台土壤含水率为田间持水量的80%作为灌水下限，但在分蘖末期晒田时可以适当降低，以发挥晾田控蘖的作用。减数分裂期应及时预防障碍型冷害，当水稻剑叶叶耳间距处于下叶叶耳（10叶品种9叶、11叶品种10叶、12叶品种11叶）±5厘米期间是水稻减数分裂小孢子四分体时期，此时水稻对17℃以下低温最为敏感，如果出现17℃以下低温连续6小时就可能发生障碍型冷害。为此，根据天气预报，如有17℃以下低温时，应在低温来临前，即在水稻剑叶露尖就逐步加深水层，当低温来临时垄面水层应达到17～20厘米，在20厘米水层上方还会产生30厘米缓冲层，这样就可以起到防御障碍型冷害的作用。但值得注意的是如果灌溉水温达不到18℃时，则不要灌低于17℃的冷水，以免造成人为冷害。

常规水分管理在水稻抽穗后30天以上、进入蜡熟末期停灌，由于垄作土壤通透性好且排水较快，不宜断水过早，要根据天气情况推迟停灌时间，否则易早衰。黄熟期根据土质、气象条件、收获时间等合理确定排干时间，但最迟不能晚于黄熟末期。

③收获。收获时期及收获方式的要求同常规生产（图3-53）。

3.14.3 效益分析

在机械作业费方面，垄作双深模式卫星平地机平地以15

图3-53　成熟期效果

元/亩计，起垄夹肥以12元/亩计，镇压以3元/亩计，总成本在30元/亩左右，与常规耕作成本基本持平；垄作双深较常规耕作减施氮肥10%，节本2元/亩；节水45米^3/亩以上，节水节电4.5元/亩；基蘖同施，减少分蘖肥施肥环节，节约无人机施肥作业费2元/亩。合计节本8.5元/亩。

常规生产田亩产以600千克/亩计，垄作双深平均增产以5%计，增产稻谷30千克/亩；稻谷价格以2.6元/千克计，增收78元/亩。合计节本增效86.5元/亩。

3.14.4　注意事项

（1）本技术在漏水稻田应用具有局限性。

（2）秋季收获后和春季泡田前雨水大，土壤含水量高时（不利于旱整平）则本技术不适应。

（3）整地要平，对于初次实施垄作双深耕作的稻田应采用卫星平地机平整土地。

（4）要选择安全性好的除草剂，且泡田后要待水位基本稳定了再施药，以免造成药害。

（5）停灌不可过早，否则易发生早衰。

3.15 寒地水稻旱平免搅浆保护性耕作技术

3.15.1 技术概述

旱平免搅浆技术是在水稻秋收后深翻、浅旋整地作业后，结合土壤墒情直接采用卫星平地机械进行平地达到插秧作业标准，次年春季泡田后不再进行搅浆水整地，按照农时界限直接进行插秧作业的耕作方式。其优点体现在以下五方面：

一是缓解农时，插秧前免除搅浆水整地作业，插前7～9天泡田即可，为同期其他农事工作缓解农时压力，可操控能力强。

二是节约泡田用水，与常规提浆整地相比晚泡田10～15天，同时采取“花达水”泡田，泡田期亩节水30～45米^3，春季农时旱季最高可亩节水60米^{3}左右。

三是对黑土地起到有效保护作用，利于保护土壤耕层结构，保持土壤团粒结构不被破坏，避免土壤板结。旱平免搅浆使土壤容重降低0.03克/米^{3}左右。

四是提高产量，土壤通透性好，含氧量升高，利于水稻根系生长，促进水稻分蘖早生快发，总根长、根表面积、根体积和平均直径分别增加14.1%、8.79%、7.16%和4.06%，根系氧化活力增加5.51%，根系伤流强度增加5.74%，产量提高

6.0%～8.4%。

五是降低机械作业成本，卫星平地机平地后，3年内每年只需常规整地后进行局部土地平整，减少搅浆水整地环节。同时可以提高插秧机械通行能力，不陷车，提高作业效率，节约机械作业成本。

3.15.2 实施方法

（1）秸秆粉碎及抛撒

上季水稻由加装切碎装置的联合收割机收割，将切碎的秸秆均匀抛撒于水稻田表面。作业要求平均留茬高度≤15厘米，秸秆切碎长度应≤10厘米，秸秆切碎合格率≥90 %，抛撒不均匀率≤20 %。

（2）秸秆翻埋

地表以下30厘米内土壤含水率≤25%。耕层土壤冻层厚度≥5厘米时不宜深翻作业。耕深22～25厘米，秸秆埋覆率≥80%，耕深稳定性≥85%，耕后地表平整度≤30毫米，单个田角余量≤1米^2。翻地要求做到扣垡严密、深浅一致、不重不漏、不留生格。

（3）浅旋碎土

地表以下20厘米以内土壤含水率30%～80%。耕层土壤冻层厚度≥2厘米时不宜深旋作业。旋耕深度16～18厘米，壤土碎土率≥60%，沙土碎土率≥80%，黏土碎土率≥50%，地表秸秆残留量≤30%，耕深稳定性≥85%。旋地要求田面无漏耕，均匀一致、到边到头。

（4）旱平地

结合土壤墒情，采用卫星或激光平地整地机械进行旱平作业（每10延长米水平误差应小于1厘米或千米直线误差小于2.5厘米）。

（5）泡田

第二年春季，插秧前7～9天放水泡田，不再进行其他田间整地措施。

（6）插秧

水层稳定后（2天左右）进行插前封闭（为保证药效一般封闭时间5～7天），进行插秧同步侧深施肥。

3.15.3 效益分析

旱平免搅浆每亩节约泡田用水60米^{3}以上，节本5.83元/亩，同时节约大量的泡田时间，给春季生产节省时间，避免因提浆整地先后时间差，导致田块出现沉降过度或沉降不好的现象。旱平免搅浆增加卫星平地作业环节，每3年进行一次，燃料费+机械作业费为70～130元/亩，平均一年的费用为23.3～43.3元/亩，以33.3元/亩计。旱平免搅浆较常规耕作免除搅浆平地环节，节约作业费30元/亩，同时没有打浆作业的深车辙，插秧时机械通过性更好，每天可多作业5～8亩地，每亩节约插秧成本5元左右。合计节本7.53元/亩。

常规生产田亩产以600千克/亩计，旱平免搅浆平均增产7%，以42千克/亩，稻谷价格以2.6元/千克计，增收109.2元/亩。

合计节本增效116.73元/亩。

3.15.4 注意事项

（1）为避免平地时出现拖堆的现象，建议水稻秸秆打包离田，利于平地机械作业。

（2）在平地作业时，卫星平地机池角平地不到位的地方使用拖拉机配备刮板进行找平。

（3）由于土壤湿度偏高整地效果不理想，车辙较多的地块，可采用无动力压草打浆机轻打浆一次。

3.16 稻田综合种养技术

3.16.1 技术概述

稻田综合种养模式是黑龙江垦区建三江管理局引进创新的寒地水稻立体种养新模式。该模式在不改变水稻种植的前提下，通过“一水两用、一地双收”方式，将水稻种植和鸭子、小龙虾、鱼、蟹、鳅等水产动物放置于同一时空内，通过人工干预实现水稻与水产互利共生，实现单位面积双重价值的叠加与产出最大化。一方面，水产动物以稻田内害虫与水草为食物，其排泄物转化为水稻的天然肥料，减少农药与化肥的使用。另一方面，鉴于养殖动物对化学农药的高度敏感性，选择低毒性的生物农药为宜，实现对稻田及周边生态环境的保护。该技术模式具有农产品质量安全、稻田生态环境改善、节本增效等多方面优良属性，是一种典型的生态农业生产方式。

3.16.2 实施方法

（1）稻田环境与基础建设

选择水源充足、水质新鲜、排灌方便、保水力强、无污染、较规则的田块。对于螃蟹、小龙虾、泥鳅等生产动物养殖，要求田埂加高加固至50～60厘米宽和高，内侧四周设置至少1米宽、50厘米深的环沟。为防止逃逸，养殖四周应构筑90厘米宽的塑料薄膜防逃墙，埋入地下30厘米并用每隔1米竹竿固定。进排水口安装双层网包和外层粗网笼，防止逃逸和外来物种入侵，确保养殖环境的安全。

（2）养殖品种选择与投放

选择适应当地环境和市场需求的水稻品种和水产品种，如台湾鳗鳅、寒地小龙虾、役用鸭（重庆4点麻鸭及花边鸭）、中华绒螯蟹等。

投放时间依据生长周期和稻田条件确定，一般在水稻插秧返青后投放，蟹苗则要求在4月中旬购进，暂养，5月底至6月上旬投放。投放密度需合理控制，鳅苗2万尾/亩，小龙虾35千克/亩，鸭子20只/亩，蟹苗5千克/亩，以保证养殖动物有足够的生长周期。

投放前，应彻底清理环沟内的杂物和淤泥，一般在4月底至5月初，使用生石灰或其他适宜的消毒剂（用量约为40克/平方米）对环沟进行消毒处理，以减少病原体和有害生物的数量。此外，全池泼洒应激激素、纳维素等抗应激产品，以减少养殖动物的应激反应。同时，监测水质溶氧要求5～8毫克/升，

pH7.5～8，氨氮小于0.3毫克/升，亚硝酸盐为0，确保水质符合养殖要求。

（3）养殖管理

养殖管理包括饲料投喂、水质监测、病害防治和日常管理。

根据养殖品种的食性提供适宜的饲料，并控制投喂量，其中泥鳅日投喂量占总体重的3%～5%，虾3%～6%，田蟹3%～5%。

病害防治应采用生物制剂和物理方法，减少化学药品的使用；定期巡田，检查防逃设施，观察养殖品种的生长情况，并及时采取措施。

定期使用氨基酸肥水膏、有效微生物菌群（EM菌）、小球藻等生物制剂调节水质，以避免水质污染，高温季节每5～7天换水一次，换水量为水体的1/3~1/2；鸭子除了食用稻田中的杂草和害虫外，还需补充鸭子体重2%～3%谷物和蔬菜。同时，确保鸭舍的清洁和干燥，防止疾病传播，定期使用生物制剂进行水体消毒，预防皮肤病和烂嘴病。河蟹养殖需提供动物性和植物性饵料，关注蜕壳期的管理（施入生石灰5千克/亩，以促进河蟹集中蜕壳），减少应激，提供隐蔽的环境以降低蜕壳期的死亡率。

（4）收获与后处理

水稻收获应采用分段收获或半喂入收获。

虾、蟹、泥鳅等应根据市场和养殖品种生长情况适时进行捕捞，其中9月初捕捞收获台鳅，8月下旬至9月上旬捕捞河蟹，小龙虾养殖期为40天左右，均单重40克左右时开始捕捞，应在9月中下旬结束捕捞。而鸭子养殖应在水稻抽穗完成后将鸭雏陆续移出本田，在鸭舍内进行集中育肥喂养，完成育肥阶段鸭雏预计体重在2.5～3千克（图3-54）。

图3-54 稻田综合种养

3.16.3 效益分析

鳅稻共作亩效益可达2 100元，鸭稻共作亩效益为1 148元（表3-25）。此外，该模式有助于保护和改善黑土地质量，减少化肥和农药的使用，如鸭稻共作模式。社会效益

表3-25 稻田综合种养技术效益分析

总作模式	品种	产量（斤/亩）	单价（元/斤）	亩产值（元）	亩成本（元）	亩总利润（元）
鳅稻	水稻	800	3	2 400	1 500	2 100
	泥鳅	650	8	5 200	4 000	
鸭稻	水稻	412.7	2.7	2 228	1 460	1 148
	鸭子	95	4	380		

方面，该模式能够提供安全、优质的农产品，如有机水稻和生态泥鳅，满足市场对健康食品的需求。

3.16.4 注意事项

（1）每天观察养殖情况，并及时增减饲料投入量；

（2）定期监测水质，保持适宜的水温和溶氧量，并及时换水；

（3）及时清除池内死的螃蟹、泥鳅、小龙虾；

（4）加强巡塘，做好防逃、防盗、防天敌等措施。

第4章

黑土耕地保护“三江模式”实施与推广

土壤是重要的农业资源和生产要素，是粮食生产的“命根子”。2021年，农业农村部《国家黑土保护工程实施方案(2021—2025年)》提出“三江模式”，并将该模式列为国家黑土保护工程主推技术之一。建三江为全面推广该模式，切实保护好、利用好珍贵的黑土资源，筑牢保障国家粮食安全压舱石的基础，结合区域农业生产实际，制定如下实施与推广方案。

4.1 指导思想

坚持用养结合、保护利用，以提高耕地质量、促进黑土资源可持续利用为目标，大力实施“藏粮于地、藏粮于技”战略，坚持一体化综合施策，以农业绿色生产、基础设施建设、耕地质量提升、监测评价等为重点，打造可复制、能落地、见实效的黑土耕地保护“建三江样板”，以点带面形成规模效应，整建制推广“三江模式”，逐步改善黑土耕地内在质量、生态环境，全面提升粮食综合产能。

4.2 目标任务

坚持因地制宜、科学规划原则，强化相关政策、项目和资金统筹衔接配合，综合运用农艺、农机、工程、生物等措施切实保护好黑土地这一耕地中的“大熊猫”，大力推广黑土耕地保护与质量提升“三江模式”，集成应用搅浆整地、侧深（变量）施肥、有机肥替代部分化肥、绿色农药应用、本田标准化改造、科学轮作、变量施药、秸秆全量还田、农业固体包装废弃物集中回收处理等技术措施。力争到2025年“三江模式”应用面积全覆盖，实现土壤有机质含量年均提升0.2克/千克以上。

4.3 主要技术措施

4.3.1 优化施肥施药方式，推进农业绿色低碳生产

（1）推进化肥减量增效

以测土配方施肥技术100%覆盖为前提，重点推广应用水稻侧深施肥（变量施肥）、有机肥（生物有机肥、菌肥等）替代等技术模式。要在有机肥应用上下功夫，加大商品有机肥替代部分化肥应用力度，常规施肥时5～10千克常规有机肥替代3～5千克化肥，重点推广侧深施肥专用化肥＋专用有机肥优化施肥模式，应用5千克专用有机肥替代5千克专用化肥，进一步降低化肥用量；同时探索区域畜禽粪污无害化处理和资源化利用。2025年，水稻侧深施肥推广面积达到600万

亩，有机肥替代部分化肥面积达到域内水稻种植面积的80%以上；畜禽粪污综合利用率达到100%。

（2）推进农药减量控害

在清理田间地头杂草、实施黑色越冬，减少病虫害寄主及越冬场所的物理防治措施基础上，以病虫害监测预警为前提，大力推广温汤浸种、绿色农药应用、稻田综合种养、旱田变量施药等专业化绿色防控技术措施。重点在绿色农药应用上下功夫，大力推进生物农药、化学合成类绿色农药等绿色防控技术，凸显“北大荒智慧厨房”绿色基因。各农场有限公司要严格落实《北大荒农垦集团有限公司绿色农药替代传统化学农药工作实施方案》，逐步扩大绿色农药使用面积，对近年使用的高毒、高残留、存在风险的农药品种进行替代，尤其是出口的农产品严禁应用稻瘟灵等长残效药剂。要多途径强化绿色农药应用宣传培训，2023年绿色农药应用数量达到航化统防统治药剂需求的20%以上，力争2025年达到50%左右。

4.3.2 严控产前生产投入，减少土壤重金属污染

深入贯彻落实集团“双控一服务”战略，以服务种植户和充分尊重其意愿为出发点，严控农业生产前端投入品质量，通过有效“统”、合理“控”、强化“管”、立异“新”，计划内有效掌控耕地面积种子、肥料、航化统防统治杀菌剂及微肥等主要农业投入品100%线上运营，比质量、比价格，选购大厂家、大品牌、大渠道、大批量，实施样品随机抽检和

到货批次抽样检测，建立产品档案。分公司农业投入品主管部门要切实担起责任、强化监督管理，对各农场有限公司上报的农业投入品需求计划表进行严格审核把关，做到全程可控，从根本上管控重金属超标的农业投入品使用，保障农产品品质。

4.3.3 坚持秸秆全量还田，持续为黑土耕地“加油”

持续推进农作物秸秆资源综合利用，水旱田收获机械100%安装抛洒器，收获后同步进行秸秆全量还田、还田率达98%以上，促进土壤形成团粒结构，减轻土壤容量，增加土壤中水、肥、气、热的协调能力，提高土壤保水、保肥、供肥能力，改善土壤理化性状，解决耕地“只种不养”问题。

4.3.4 推进保护性耕作，提升土壤自我保护机能

合理优化种植制度，旱田采取“二二制”轮作制，解决重迎茬问题，增加土壤生物多样性；水旱田采取深翻、深松等方式进行黑色越冬，打破犁底层，疏松土壤，改善结构，提升土壤蓄水蓄肥能力，减少降雨径流、水蚀沟和土壤越冬病虫基数。

4.3.5 实施标准化格田改造，减少机车碾压破坏耕地

在高标准农田建设的基础上，坚持科学规划、统筹推进、分步实施的原则，加快推进水稻本田标准化改造，提高有效插植面积、节约生育期用水、提高机车作业效率，利用田间路运苗、运肥、运粮，减少运苗车、接粒车等运输机车进地，避免机车碾压对土壤耕层结构造成破坏。2025年本田标准化

改造面积力争达到500万亩。

4.3.6 开展废弃物集中处理，保护农田生态环境

落实使用者妥善收集处理责任，各农场有限公司要在管理区建立规范化农药、农残膜等农业固体包装废弃物回收站，并在交通便利的田间地头设立临时回收点。回收站（点）具有相对独立的封闭存放条件和安全防护设施，禁止出现二次污染，并设立醒目标牌便于种植户寻找。要严格处理措施，积极联系有资质的回收企业进行集中回收无害化处理，同时通过网络、电视、条幅等多种方式将相关政策和工作要求宣传到户，严禁种植户焚烧掩埋或随意丢放，减少对农田生态系统的破坏。

4.3.7 坚决守住耕地红线，严打黑土违法行为

依法对黑土耕地数量、质量、生态实施最严格的保护与管护，坚决守住耕地红线、环境质量底线、不突破资源利用上线，分公司、各农场有限公司要成立由主要领导牵头、相关部门配合的专项行动领导小组，全面开展黑土耕地保护利用工作，并配合属地执法部门查处各类违法违规行为，做到有案必查、查必有果，在“查、处、究”上下功夫，对非法占用和破坏黑土耕地等行为形成有效威慑力严防耕地非农化、非粮化。

4.3.8 建立完善监测体系，动态掌握黑土耕地质量变化

依据集团方案制定下发的《建三江分公司黑土地保护监测评价项目实施方案》，以黑龙江省农垦科学院、黑龙江八一

农垦大学和区域内15个土壤化验室为依托，按照每1万亩耕地布设1个调查监测点的原则，逐步完成监测点区域全覆盖，完善黑土耕地质量监测体系，加强黑土耕地质量变化规律研究，动态掌握黑土耕地土壤肥力和环境变化，跟踪评价实施效果，为落实黑土地保护利用措施提供准确依据。各农场有限公司要充分发挥自动取样车作用，代替传统人工取样，并通过与高等院校、企业合作开展农田基础信息遥感监测，所有采集数据上传至建三江数字农业管理云平台进行智能分析和可视化管理。

4.4 寒地水稻黑土保护“三江模式”推广成效

2018年以来，建三江分公司通过农艺、农技、工程、生态保护等综合措施全面开展黑土耕地保护与质量提升工作。黑土耕地保护成效斐然，实现了农业绿色可持续发展。

一是农艺措施。全面推广测土配方施肥上，累计减少不合理施肥纯量0.8万吨以上；大力推广侧深施肥、变量侧深施肥、有机肥替代等技术，平均亩减肥10%～15%、亩增产6%～8%；实施农药减量控害措施，推广生物+化学药剂航化统防统治，在保证防治效果的前提下亩减化学药剂用量80～100毫升。秸秆全量还田面积达98%以上，其余面积“五化”利用，秸秆综合利用率达100%。据统计分析，2016—2023年，建三江分公司深入贯彻习近平总书记殷殷嘱托，实施过秸秆全量还田等系列黑土耕地保护综合措施，土壤有机质含量由3.8%提高到4.03%，碱解氮含量由182毫克/千克提升到183.2毫克/千克，有效磷含量从25.8毫克/千克提升到37.0毫克/千克，速效钾含量从146毫克/千克提升到214.8毫克/千克，土壤pH由5.68提升到5.90。

二是生态措施。实施集团“双控一服务”战略，计划内耕地面积肥料、农药、种子等主要农业投入品100%线上集团化运营，2023年运营肥料28.9万吨、较2018年增加16.5万吨，航化统防统治防病药剂及微肥1 200吨、较2018年减少35吨；农业包装废弃物集中回收处理率达到96%，较2018年增长68.5%。

三是监管措施。建立黑土耕地监测点702个，较2018年增加694个，完善耕地质量监测体系，动态掌握黑土耕地土壤肥力和环境变化。通过以秸秆全量还田为基础的系列黑土耕地保护措施，土壤有机质含量由3.7%提高到3.83%，提高了0.13个百分点。

图书在版编目（CIP）数据

寒地水稻黑土保护“三江模式”实践与推广手册 / 北大荒农垦集团有限公司建三江分公司组编；苗立强主编. -- 北京：中国农业出版社，2025. 3. -- ISBN 978-7-109-33109-9

Ⅰ. S511-62；S155.2-62

中国国家版本馆CIP数据核字第2025X2J047号

中国农业出版社出版

地址：北京市朝阳区麦子店街18号楼

邮编：100125

责任编辑：郑　君

版式设计：小荷博睿　　责任校对：吴丽婷

印刷：北京通州皇家印刷厂

版次：2025年3月第1版

印次：2025年3月北京第1次印刷

发行：新华书店北京发行所

开本：880mm × 1230mm　1/32

印张：3.75

字数：72千字

定价：49.00元
